PHYSIK UND CHEMIE RADIUM UND MESOTHOR

FÜR ÄRZTE UND STUDIERENDE

VON

PRIVATDOZENT **Dr. PHIL.** ALBERT FERNAU
LEITER DER PHYSIKALISCHEN ABTEILUNG DER RADIUMSTATION
IM ALLGEMEINEN KRANKENHAUS IN WIEN

MIT EINEM VORWORT VON

PROFESSOR **Dr.** GUSTAV RIEHL
VORSTAND DER UNIVERSITÄTSKLINIK FÜR DERMATOLOGIE
UND SYPHILIDOLOGIE IN WIEN

ZWEITE, WESENTLICH VERMEHRTE AUFLAGE

MIT 31 TEXTABBILDUNGEN

WIEN
VERLAG VON JULIUS SPRINGER
1926

ISBN-13: 978-3-7091-5240-9   e-ISBN-13: 978-3-7091-5388-8
DOI: 10.1007/978-3-7091-5388-8

Vorwort zur ersten Auflage

Gelegentlich der Kurse, welche wir an der I. Universitätsklinik für Dermatologie über Radiumtherapie 1912 und 1913 abgehalten haben, zeigte es sich, daß nur ein kleiner Bruchteil der Hörer über die chemischen und physikalischen Eigenschaften des Radium genügende Kenntnisse besaß; wir waren daher gezwungen, die ersten Stunden diesem Thema zu widmen. Seit Kriegsbeginn mußte die Abhaltung solcher Kurse unterbleiben, zumal Assistent Dr. Schramek, der die physikalisch-chemischen Vorträge gehalten hat, den Folgen einer im Felde erworbenen Krankheit erlegen ist.

Fast allen Ärzten, welche sich mit Radiumtherapie zu beschäftigen die Absicht hatten, mußten über die Theorie der Radiumwirkung seither Aufschlüsse erteilt werden, weil ihnen eine Orientierung in der Fachliteratur meist unmöglich war.

Während über die klinischen Wirkungen des Radium eine Reihe von Berichten und einzelne zusammenfassende Darstellungen zur Verfügung stehen, fehlt eine für Mediziner und Ärzte verständliche Schilderung der Physik und Chemie der radioaktiven Körper. Um diese Lücke auszufüllen, hat Herr Dr. chem. Fernau, der seit Gründung der Radiumstation den Betrieb leitet und die Einrichtungen derselben in physikalisch-chemischer Hinsicht zum größten Teil geschaffen hat, auf meinen Wunsch in der vorliegenden Arbeit einen Leitfaden verfaßt, der Studierenden und Ärzten die wichtigsten chemisch-physikalischen Grundlagen der Radiumtherapie in leicht verständlicher Form zugänglich machen soll.

Wien, im März 1919

Riehl

Vorwort zur zweiten Auflage

Auch die vorliegende neubearbeitete Auflage des unter dem Titel „Physik und Chemie des Radium und Mesothor für Ärzte und Studierende" 1919 erschienenen Leitfadens dient dem Zwecke: Ärzten, die sich mit der Radiumtherapie zu befassen wünschen, die notwendigen Vorkenntnisse in der Physik und Chemie des Radium in leichtfaßlicher Darstellung zugänglich zu machen.

Alle in den letzten Jahren erzielten Fortschritte auf diesem Gebiete sind in die Darstellung einbezogen worden, soweit es ohne Verwendung der höheren Mathematik tunlich war.

Die Radiumtherapie erobert sich immer neue Gebiete und ihre Anwendungsweise ist vielfach ausgestaltet, verfeinert und dem jeweiligen pathologischen Zustand genauer angepaßt worden.

Insbesonders seitdem durch die Entdeckung neuer Fundstätten und die Erzeugung größerer Mengen von Radiumsalzen, Heilstätten mit größeren Mengen von Radium ausgestattet in vielen ausländischen Städten entstanden sind, mehren sich die Berichte über Heileffekte, die in manchen Beziehungen die der bisherigen Behandlungsmethoden weit übertreffen.

Je differenzierter die Indikationsstellung und die Behandlungsmethoden sich gestalten, um so mehr muß der behandelnde Arzt mit dem Wesen dieses Heilmittels, vor allem dessen physikalischen Eigenschaften vertraut sein, um wirklich volle Erfolge zu erzielen und Nachteile zu verhüten.

Klinische Erfahrung erfordert auch die Radiumtherapie in gleichem Maße, wie z. B. die Röntgenologie. Erste Voraussetzung für rationelle Anwendung ist aber genügendes theoretisches Verständnis.

Möge auch diese neue, in der Darstellung möglichst konzise, aber dennoch allgemein verständliche Anleitung, welche der Autor als Leiter der chemisch-physikalischen Abteilung der Radiumstation im Allgemeinen Krankenhause mit besonderer Berücksichtigung der ihm von den Ärzten vorgelegten Fragen verfaßt hat, ihren Zweck in vollem Maße erfüllen.

WIEN, im Januar 1926

Riehl

Inhaltsverzeichnis

	Seite
Einleitung: 1. Über die Begriffe Atom, Molekül, Elektron und Ion.	1
2. Über die Maßeinheiten der Elektrizität	5
I. Entdeckung der Radioaktivität und des Radium	7
II. Chemie des Radium	10
III. Fundorte für Uranerze und Ausbeute an Radium	12
IV. Herkunft, Werden und Vergehen des Radium	13
V. Die Zerfallsreihen der radioaktiven Elemente	16
VI. Die Umwandlungsprodukte des Radium	19
VII. Die Strahlenarten beim radioaktiven Zerfallsprozeß	21
VIII. Die Theorie der Lichtentstehung nach Bohr	28
IX. Radium als Energiequelle	35
X. Die Herstellung von Emanationslösungen	37
XI. Die Gesetze beim radioaktiven Zerfallsprozeß	40
XII. Nachweis und quantitative Bestimmung radioaktiver Elemente	47
XIII. Lichterscheinungen	62
XIV. Verfärbungen von Glas und Mineralien durch Radiumstrahlen	65
XV. Chemische Wirkungen	66
XVI. Wirkungen auf Kolloide	66
XVII. Biologische Wirkungen	66
XVIII. Dosierung in der Therapie	69
XIX. Verwendung des Radium in der Medizin	70
XX. Herstellung, Formen und Applikation der Radiumträger	70
XXI. Über Radiumpunktur	75
XXII. Über Emanationskapillaren	76
XXIII. Filterung der Radiumstrahlen	78
XXIV. Absorption der Strahlen	79
XXV. Chemie und Physik des Mesothor	84
Anhang: Das periodische System nach Moseley-Bohr	87
Der Aufbau der Materie	92
Literaturverzeichnis	100

Einleitung

1. Über die Begriffe Atom, Molekül, Elektron und Ion

Alles Wägbare, Raumausfüllende, durch unseren Tastsinn Wahrnehmbare bezeichnen wir als Materie oder Stoff; räumlich abgegrenzte Teile der Materie als Körper. Die Materie ist aus Atomen aufgebaut.

Schon die griechischen Philosophen des Altertums hatten die Lehre vom Aufbau der Materie aus kleinsten, nicht mehr teilbaren Urbausteinen — von ihnen Atome benannt — aufgestellt. Seit DALTONS Entdeckung des Gesetzes der multiplen Proportionen (1808), nach welchem die Elemente sich in allen ihren chemischen Reaktionen nach konstanten Gewichts- und Raumverhältnissen miteinander verbinden, war wohl festgestellt, daß sich bei chemischen Vorgängen gewisse einfache Gleichgewichtsverhältnisse, wie sie uns die Thermodynamik lehrt, einstellen, welche das Auftreten von kleinsten, nicht mehr teilbaren Teilchen vortäuschen, aber die wahre Existenz von Atomen, aus welchen sich die Materie aufbaut, war damit nicht bewiesen. Erst die ungeahnten Befunde der neueren Physik auf dem Gebiete der Radioaktivität: das Sichtbarmachen der Bahnen der α- und β-Strahlenteilchen durch Photographie der erzeugten Nebelbläschen, die Zählung der α-Teilchen mittels der von diesen auf einem Zinksulfidschirm erzeugten Funken, die Beugung der Röntgenstrahlen mit Hilfe der Gitterstruktur der Kristalle haben mit Sicherheit ergeben, daß die Atome wirklich existieren und ohne Ausnahme nach einer Type aufgebaut sind.

Das Atom ist nicht die letzte Grundeinheit der Materie, sondern ein Stoffindividuum, welches, obwohl zusammengesetzt, unversehrt an den chemischen Vorgängen teilnimmt. Man kann das Atom auch definieren als jenen Baustein der Materie, bis zu welchem die chemische Analyse vorzudringen vermag. Die Moleküle können ein- oder mehratomig sein, und zwar bestehen die Moleküle der Elemente aus gleichen, die der chemischen Verbindungen aus Atomen verschiedener Elemente. Zum Unterschied vom Atom kann das Molekül eines Elementes als die kleinste, im ungebundenen Zustand existenzfähige Substanzmenge definiert werden, während das Atom die kleinste an andere Atome gebundene Substanzmenge darstellt. Bei einer chemischen Verbindung versteht man unter

Molekül die kleinste als solche existenzfähige Menge der betreffenden Verbindung, so z. B. ist das kleinste Teilchen Kochsalz, welches gerade noch als solches existiert, ein Molekül desselben, welches aus den Atomen Chlor und Natrium aufgebaut ist.

Wasserstoffgas besteht aus zweiatomigen Molekülen. Lassen wir Wasserstoff und Chlorgas unter dem Einfluß des elektrischen Funkens oder direkten Sonnenlichtes zu Chlorwasserstoff vereinigen, so wirken bei diesem chemischen Prozeß die Bestandteile des Moleküls, die einzelnen Atome Chlor (Cl) und Wasserstoff (H) aufeinander ein.

Das Molekül H_2 und Cl_2 hat sich bei der Bildung des Chlorwasserstoffgases (2 HCl) in die einzelnen Atome (H und Cl) gespalten.

$$n\,H_2 + n\,Cl_2 = 2\,n\,H\,Cl.$$

Mit Ionen ($i\eta\mu\iota$ ich wandere) bezeichnet man die elektrisch geladenen Masseteilchen, welche ein Einfaches oder Vielfaches des kleinsten in der Natur vorkommenden Elektrizitätsquantums $= 4{,}77.10^{-10}$ elektrostatische Einheiten als Ladung mit sich führen, in kurzen Worten: Ionen sind die zugleich den Transport besorgenden Träger der Elektrizität. Man teilt die Ionen nach ihrer Masse ein in:

1. Reinionen, „Elektronen" genannt, im gewöhnlichen Sinn masselos, nur mit negativer Ladung bekannt, hieher gehören die Träger der Kathodenstrahlen und die β-Strahlenteilchen der radioaktiven Elemente.

2. Atomionen, hieher gehören die Ionen der Elektrolyte, die α-Strahlen und die Kanalstrahlenteilchen. Ihre Masse ist stets von der Größenordnung eines Atoms.

3. Molionen, dieselben besitzen eine Masse, die ein Vielfaches größer ist als die eines Atoms. Sie umfassen die Atomaggregate der Elektrolyte (z. B. in der Elektrolyse der Schwefelsäure das Ion SO_4), ferner die Ionen in Gasen, welche stets eine Anzahl von ungeladenen Molekülen angelagert mit sich führen und Komplexionen genannt werden.

Positive Elektrizität ist bisher stets an Masse von mindestens Atomgröße gebunden beobachtet worden, während nur negative Elektronen bekannt sind. Nach unseren heutigen Anschauungen existiert primär nur negative Elektrizität. Ein Atom wird positiv, wenn es negative Ladung in Form von Elektronen verliert, und zwar wird der zurückbleibende Atomrest ebensoviele positive Ladungseinheiten annehmen, als er negative Ladungen in Form von Elektronen verloren hat. So ist das α-Teilchen des Radium aus einem ursprünglich elektrisch neutralen Heliumatom dadurch entstanden zu denken, daß letzteres zwei Elektronen verlor und dadurch zwei positive Ladungen frei wurden. Das α-Teilchen des Radium kann als zweifach ionisiertes Heliumatom bezeichnet werden.

Beim Durchgang hochgespannter elektrischer Ströme durch verdünnte Gase wie in der Geißler- oder Röntgenröhre, findet die eben beschriebene Abtrennung der Elektronen von den Gasatomen oder Atomverbänden statt.

Von dem positiven Pol, der Anode, geht eine geschichtete Lichtsäule aus, deren Farbe in verdünnter Luft rot ist, das sogenannte Anodenlicht. Von dem negativen Pol, der Kathode, geht ein violettes Lichtbündel aus, das sich mit Verstärkung des Vakuums in der Röhre immer mehr ausbreitet, während das rote Anodenlicht schwächer wird und zuletzt kaum wahrnehmbar ist. Die von der Kathode ausgehenden elektrischen Strahlen korpuskulärer Natur bezeichnet man als Kathodenstrahlen; werden sie auf ihrer Bahn plötzlich gebremst, so verwandelt sich die Energie der Kathodenstrahlen zum Teil in Wärme, zum Teil in eine andere Art der Energie, in das Röntgenlicht.

In der Geißlerröhre entstehen die Lichterscheinungen zwischen den beiden Polen. Versieht man das Aluminiumblech, welches die Kathode darstellt, mit Löchern (Kanälen), so beobachtet man beim Durchgang des hochgespannten elektrischen Stromes, daß aus den Löchern Korpuskularstrahlen, entgegengesetzt der Richtung der Kathodenstrahlung, austreten, die man nach ihrer Bildung Kanalstrahlen nennt.

Die Kathodenstrahlenteilchen sind von den Gasatomen bzw. Molekülen abgelöste Elektronen, während die Kanalstrahlen die zurückgebliebenen positiven Molekül- und Atomionen darstellen; es sind in den Vakuumröhren stets auch Komplexionen vorhanden. Man hat festgestellt, daß die spezifische Ladung, das Verhältnis zwischen Ladung und Masse $\frac{e}{m}$, mit der Geschwindigkeit v der Elektronen (der Kathodenstrahlenteilchen) abnimmt; daraus folgt, daß die Masse mit der Geschwindigkeit v wächst, da die Größe e — die Ionenladung — eine Naturkonstante ist, die $4{,}77.10^{-10}$ elektrostatische Einheiten beträgt. Die überraschende Entdeckung, daß die Masse des Elektrons sich mit der Fluggeschwindigkeit vergrößert, läßt sich durch die Vorstellung begreiflich machen, daß das rasch bewegte Elektron auf seiner Flugbahn, wie jede bewegte Ladung, ein magnetisches Feld in seiner Umgebung erzeugt, also Energie wachruft, welche es an sich zieht und so seine Masse erhöht. Die neuere Physik definiert Masse als Maß für den Trägheitswiderstand, welchen ein Körper einem Versuch, ihn durch eine Kraft zu beschleunigen, entgegensetzt. Trägheit ist bekanntlich der Widerstand, den ein Körper jeglicher Änderung seines Bewegungszustandes oder seiner Bewegungsrichtung entgegensetzt. Die Massenvergrößerung entspricht der von der Relativitätstheorie geforderten engen Beziehung zwischen Masse und Energie; offenbar ist Masse mit Energie wesensgleich, Masse eine Energieanhäufung. So erhält das dahinfliegende

Elektron in der Vakuumröhre durch Aufnahme von Energie eine „Zusatzmasse", welche bei der Bremsung an der Antikathode in Wärme und Röntgenlichtenergie umgewandelt wird. Energie geht in Masse, Masse wiederum in Energie über. Die Massenvergrößerung berechnet sich nach folgender Formel, in welcher m_0 die Ruhemasse des Elektron; d. i. bei langsamer Bewegung, v die Geschwindigkeit des Elektron, c die Lichtgeschwindigkeit, m die Masse des mit v-Geschwindigkeit bewegten Elektron bedeutet.

Beispiel: $v = 0{,}90\,c = 270.000$ km.

$$m = \frac{m_0}{\sqrt{1 - \dfrac{v^2}{c^2}}} = m_0 \cdot \frac{1}{\sqrt{1 - 0{,}90^2}} = \frac{1}{0{,}43} = 2{,}3\,m_0.$$

Bei $v = 0{,}90\,c$ ist die Masse des Elektron demnach 2,3 mal größer als die Ruhemasse.

Man ist zu einer atomistischen Auffassung der Elektrizität gelangt, denn auch dem Elektron kommt Trägheit und Masse zu. Das Gewicht des Elektron wurde aus Ablenkungsversuchen im Magnetfeld mit $9{,}10^{-28}$ g, der Radius mit $3{,}10^{-13}$ cm berechnet. Das Gewicht eines H-Atoms beträgt $1{,}66 \cdot 10^{-24}$ g. Das Elektron hat demnach nur $\dfrac{1}{1800}$ der Masse des Wasserstoffatomes.

Die Frage, was Elektrizität dem Wesen nach ist, gehört in das Gebiet der Metaphysik. Dem Menschen ist kein Sinnesorgan zu unmittelbarer Beobachtung elektrischer Vorgänge eigen. Elektrische Vorgänge lassen sich nur dadurch wahrnehmen, daß sie andere, durch unsere Sinnesorgane auffaßbare Erscheinungen (Wärme, Licht, physiologische Wirkungen, mechanische Arbeit) verursachen. Elektrizität ist eine Erscheinung der Energie, welche sich unmittelbar in Form von anziehenden und abstoßenden Kräften äußert. Mit dieser, das Wesen der Elektrizität umgehenden Definition müssen wir uns zufrieden geben.

Nach diesen Darlegungen werden unsere neueren Vorstellungen über die Struktur des Atoms verständlicher. Nach RUTHERFORD besteht jedes Atom aus einem positiv geladenen Kern, welcher nahezu der Träger der gesamten Masse ist und den um den Kern sich bewegenden, fast gewichtslosen Elektronen, deren Zahl mit der positiven Kernladung übereinstimmt.

Im normalen Zustand verhält sich daher das Atom nach außenhin elektrisch neutral. Das neutrale Atom wird dadurch zu einem Ion, d. h. bekommt Ladung, wenn es ein oder mehrere Elektronen aufnimmt oder abgibt. Im ersteren Fall wird es ein negatives, im letzteren Fall ein positives Ion. Ionisierungen von Atomen treten auf in der Röntgenröhre, verursacht durch Elektronenstöße auf die Gasmoleküle bzw. Atome, spontan beim radioaktiven Zerfallsprozeß, durch hohe Temperaturen usw.

Der Atomkernradius — 10^{-16} bis 10^{-12} cm — nimmt nur einen verschwindend kleinen Bruchteil des Atomvolumens ein, welch letzteres durch den Durchmesser der äußeren Elektronenbahnen bestimmt wird. Der Atomdurchmesser ist von der Größenordnung einer Angströmeinheit $= 10^{-8}$ cm. Man wird unwillkürlich auf das Gleichnis mit dem Sonnensystem geführt, denn auch bei diesem sind die Dimensionen der Planetenbahnen sehr groß gegenüber denjenigen der rotierenden Körper des Systems.

2. Über die Maßeinheiten der Elektrizität

Die sitzende, ruhende Elektrizität, wie sich dieselbe auf der Oberfläche einer Kugel oder der Elektroskopblättchen, an dem Kondensor einer Elektrisiermaschine ansammelt, nennt man statische, zum Unterschied von der strömenden Elektrizität, welche sich z. B. in einem stromdurchflossenen Telegraphendraht fortbewegt.

Die Maßeinheit der Elektrizitätsmenge im statischen System, die elektrostatische Einheit, wird in folgender Weise definiert:

Diejenige Elektrizitätsmenge, welche auf eine gleichgroße Elektrizitätsmenge in der Entfernung von 1 cm die anziehende oder abstoßende Kraft einer Dyne ausübt.

Dyne ist die Maßeinheit der Kraft, welche imstande ist, der Grammmasse die Beschleunigung von 1 cm/sek² zu erteilen. Da die Beschleunigung durch die Schwerkraft der Erde 981 cm/sek² beträgt, so entspricht

$$1 \text{ Dyne} = \frac{1}{981} \text{ g, also rund 1 mg.}$$

Man denke sich zwei Kügelchen von 1 g Gewicht, welche auf zwei 490,5 cm langen Fäden mit gemeinsamem Aufhängepunkt hängen. Werden die beiden Kügelchen gleich stark aufgeladen, so daß sie sich infolge der abstoßenden Kraft gleichnamiger Elektrizität von ihren Mittelpunkten genau um 1 cm entfernen, so beträgt die Elektrizitätsmenge, mit welcher das einzelne Kügelchen geladen ist, eine elektrostatische Einheit. Wie die folgende Ableitung ergibt, ist eine Dyne notwendig, um ein derartiges Pendel, welches ein Grammgewicht trägt, in einer Entfernung von 0,5 cm von der Ruhelage im Gleichgewicht zu halten. Zerlegen wir nach dem Kräfteparallelogramm die auf ein Grammgewicht wirkende Schwerkraft der Kügelchen p in ihre Komponenten, in die tangential wirkende Kraft k, welche das Kügelchen in die Ruhelage zurückzuführen sucht, und in die Kraft m, welche nicht in Betracht kommt, weil sie durch die Festigkeit (Spannung) des Fadens aufgehoben wird, so ergibt sich:

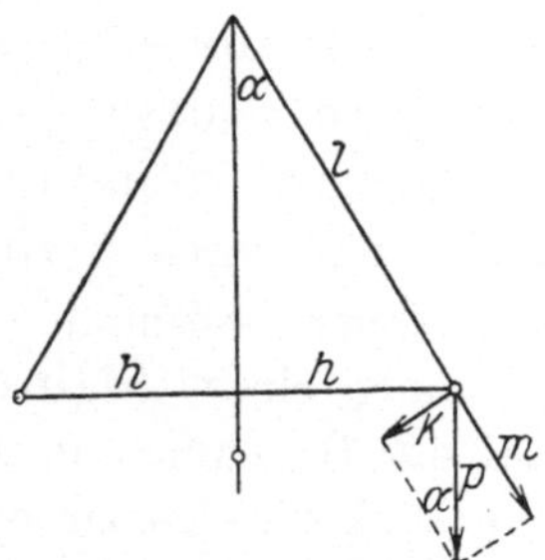

Abb. 1. Definition der elektrostatischen Einheit

$$k = p \cdot \sin \alpha$$
$$\sin \alpha = \frac{h}{l}$$
$$h = 0{,}5 \text{ cm}$$
$$p = 1 \text{ g}$$
$$l = 490{,}5 \text{ cm}$$
$$k = p\,\frac{h}{l} = \frac{1}{981}\text{ g} = 1 \text{ Dyne.}$$

Die Maßeinheit des Potentials (der elektromotorischen Kraft) ist das Volt.

Potential wird im statischen System als die Größe der Arbeit definiert, welche erforderlich ist, um die Elektrizitätsmenge 1 (eine elektrostatische Einheit) von einem Punkt außerhalb der Fernwirkung des elektrischen Feldes an einen Punkt des elektrischen Feldes heranzubringen. Am anschaulichsten ist der Vergleich der Elektrizitätsbetätigung mit dem Potential einer gehobenen oder strömenden Wassermasse.

Man denke an einen gestauten Wasserfall oder Fluß, welchem von Zeit zu Zeit durch Öffnen einer Schleuse die Bahn frei gemacht wird. Die potentielle Energie, welche in der gestauten Wassermasse angehäuft ist, findet ihr Analogon in dem Potential der statischen Elektrizität.

Das Potential eines vom Erdboden gehobenen Steines ist die Größe der Arbeit, welche nötig ist, um die Wirkung der Schwerkraft aufzuheben, demnach auch die Arbeit, welche die Schwerkraft beim Herabfallen eines Steines gegen den Erdboden leistet. Die Elektrizitätsmenge entspricht dem Gewicht der Wassermasse, ihre Hubhöhe dem elektrischen Potential (Spannung) in der statischen Elektrizität.

Die potentielle Energie hingegen, welche ein Wasserfall oder ein talwärts fließender Fluß mit sich führt, entspricht dem Potentialbegriff in der Elektrodynamik. Hier entspricht die Höhendifferenz dem Potential.

Ein Ampere ist die Einheit der Stromstärke. Wir verstehen darunter jenen Strom, welcher in einer Sekunde die Elektrizitätsmenge von einem Coulomb ($3{,}10^9$ elektrostatische Einheiten) durch den Querschnitt eines Leiters (Drahtes) bewegt. Man kann ein Ampere auch elektrochemisch definieren als jene Stromstärke, welche in der Sekunde aus einer Silberlösung 1,118 mg Silber abscheidet.

Ein Ohm ist die Einheit des elektrischen Widerstandes: Derjenige Widerstand, welchen eine Quecksilbersäule von 106,3 cm Länge und 1 mm² Querschnitt oder ein Kupferdraht von 48 m Länge und 1 mm Durchmesser dem elektrischen Strom entgegensetzt.

Ein Volt ist jene elektromotorische Kraft, welche bei einem Ohm Widerstand des Leiters die Elektrizitätsmenge von einem Coulomb in der Sekunde durch den Querschnitt des Drahtes bewegt (Stromstärke 1 Ampere). Die Arbeitsleistung beträgt 10^7 Erg $= 1$ Joule.

Das OHMsche Gesetz besagt, daß die Stromstärke J, d. h. die pro Sekunde durch den Querschnitt eines Leiters fließende Elektrizitätsmenge der elektromotorischen Kraft E proportional ist (analog wie die durch eine geneigte Röhre pro Sekunde durchfließende Wassermenge der Höhendifferenz), hingegen mit wachsendem Widerstand W abnimmt.

$$J = \frac{E}{W}$$

Wir werden später erfahren, daß Gase dem Ohmschen Gesetz nicht folgen, sondern die Stromstärke bei Erreichen einer bestimmten Spannung (elektromotorischen Kraft) von einer Erhöhung der Spannung unabhängig ist und konstant bleibt.

I. Entdeckung der Radioaktivität und des Radium

Die Entdeckung der Radioaktivität durch BECQUEREL steht in unmittelbarem Zusammenhang mit der Auffindung der X-Strahlen durch RÖNTGEN.

Die Röntgenstrahlen vermögen Materie wie Karton, Holz, Metallplatten bis zu einer gewissen Schichtdicke zu durchdringen, eine in lichtdichtes Papier eingehüllte photographische Platte zu sensibilieren, gewisse Substanzen wie Sulfide der alkalischen Erden, Bariumplatinzyanür zur Fluoreszenz zu bringen und die Luft zu ionisieren, d. h. elektrisch leitfähig zu machen, was an der Entladung eines Elektroskops erkannt werden kann.

Da die Kathodenstrahlen eine intensive Fluoreszenz der Gasreste an der Glaswand der Vakuumröhre verursachen, war man zuerst der irrigen Meinung, daß das Fluoreszenzlicht die erregende Ursache der Röntgenstrahlen sei. Professor Henri BECQUEREL in Paris untersuchte daher zunächst Kalzium- und Zinksulfid, von denen bekannt war, daß sie nach Belichtung ins Dunkle gebracht phosphoreszieren, sowie die schön fluoreszierenden Kristalle von Uranylkaliumsulfat darauf, ob diese ebenfalls durchdringende Strahlen aussenden. Nach einer Exposition von mehreren Tagen war tatsächlich eine Schwärzung der photographischen Platte zu beobachten. BECQUEREL schloß daraus, daß das Fluoreszenzlicht diese durchdringenden Strahlen errege.

Diese Schlußfolgerung war aber, wie BECQUEREL später selbst feststellte, unrichtig. BECQUEREL hatte bei seinen ersten Versuchen die Uranylkaliumsulfatkristalle vor dem Auflegen auf die lichtdicht bedeckte photographische Platte längere Zeit dem Sonnenlicht ausgesetzt, da er von der irrigen Voraussetzung ausging, daß die Strahlung eine Wiedergabe der von dem Uransalz absorbierten Lichtenergie sei. Beim Entwickeln der Platte zeigte gerade nur diejenige Stelle, über welche die Kristalle gelegt waren, deutliche Schwärzung, ein Lichtbild der Kristalle. Bei seinen weiteren, im Jahre 1896 durchgeführten Untersuchungen machte aber BECQUEREL die bedeutsame Entdeckung, daß auch lange Zeit im Dunkeln gehaltenes Uranylkaliumsulfat sowie auch das schwarze Uranoxyd, überhaupt jedes uranhältige Mineral durchdringende Strahlen aussende. BECQUEREL stellte dadurch fest, daß die neue Strahlung von der Fluoreszenz ganz unabhängig ist und wies dagegen durch quantitative Analyse der verwendeten Mineralien nach, daß die Strahlungsintensität dem Urangehalt proportional sei. Was die durch belichtetes Kalzium- und Zinksulfid beobachtete diffuse Schwärzung der photographischen Platte betrifft, so stellte sich bei der späteren Nachprüfung heraus, daß nicht eine Strahlung, sondern der von den Sulfiden in Spuren abgegebene Schwefelwasserstoff die Platte geschwärzt habe.

So hatte gerade eine unrichtige Auffassung über die erregende Ursache der Röntgenstrahlung zur Entdeckung einer neuen Art von Strahlen geführt. BECQUEREL gebührt das Verdienst, als erster festgestellt zu haben, daß dem Uran eine spezifische Strahlung eigen sei, welche sich wesentlich von der Röntgenstrahlung dadurch unterscheidet, daß sie ohne äußere Zufuhr von Energie, also spontan auftritt. BECQUEREL ist demnach der Entdecker der Radioaktivität, und es wurden auch ihm zu Ehren die neuen Strahlen Becquerelstrahlen genannt.

Den Begriff „Radioaktivität" führte Frau CURIE in die Wissenschaft ein (Radius = Strahl) und bezeichnete damit die Eigenschaft eines Elementes, Becquerelstrahlen auszusenden. Die Umwandlung eines Atoms kann jedoch auch strahlenlos, also ohne Abgabe von Energie nach außen erfolgen. Allerdings ist es fraglich, ob eine Umwandlung ohne Aussendung einer Strahlung, nur durch Umgruppierung der Elementarbestandteile im Atom tatsächlich stattfindet. Mesothorium 1 galt lange Zeit als strahlenlos; die ausgestrahlte Energie ist so gering, die β-Strahlung so langsam, daß der Nachweis derselben nur schwierig gelang.

Zum näheren Verständnis der Radioaktivität ist es angezeigt, den Unterschied der radioaktiven Eigenstrahlung von anderen Eigenstrahlungen der Materie: Fluoreszenz und Phosphoreszenz zu besprechen.

Während die Radioaktivität eine spontane, von äußerer Energiezufuhr unabhängige Eigenstrahlung des radioaktiven Atoms (Elementes) darstellt, bedarf die Fluoreszenz einer unmittelbaren Energiezufuhr von außen in Form von Belichtung oder Erwärmung und hält daher nur solange an, als die erregende Strahlungsquelle einwirkt.

Phosphoreszenz ist die Erscheinung des Nachleuchtens im Dunkeln, nachdem die erregende Strahlungsquelle entfernt wurde. Das Leuchten des Phosphors, der Johanniswürmchen, von Bakterienkulturen hat mit der physikalischen Phosphoreszenz nichts zu tun, sondern ist durch einen Oxydationsprozeß bewirkt, eine sogenannte Chemilumineszenz. (GERREDSEN, HARVEY, ZACHER und KAUTSKY.) Daß es sich beim tierischen Leuchten um einen mit Lichtaussendung verbundenen Oxydationsprozeß handelt, konnte experimentell bewiesen werden. Es gelingt, Nährböden, mit denen Leuchtbakterien gezüchtet wurden, in sterilem Zustand auf rein chemischem Wege zum Leuchten zu bringen. Sterile Fischbouillon wurde wenige Minuten mit Kalilauge erwärmt und dann mit Bromwasser oxydiert. Die Oxydation war von prächtiger grüner Fluoreszenz begleitet, die derjenigen der Bakterienkulturen nicht nachstand.

Wahrscheinlich entstehen bei der Spaltung gewisser Eiweißstoffe labile Körper, welche chemisch zwischen Aminosäuren und Peptonen stehen und bei der Oxydation Licht aussenden. Nach HASCHEK sind fast alle chemischen Prozesse mit einer Lichterscheinung verknüpft. Auch die Odstrahlung REICHENBACHs ist eine Chemilumineszenz, welche die Oxydation von im Schweiß enthaltenen Stoffen (Aminosäuren und Buttersäuren) an der Luft begleitet.

Bald nach der Entdeckung der spontanen Uranstrahlung begannen die Arbeiten des Ehepaares CURIE, namentlich in der Beziehung, ob noch andere Stoffe außer Uran Becquerelstrahlen aussenden. Zunächst wies G. C. SCHMIDT und unabhängig davon Frau CURIE dieselbe Strahlung beim Thorium nach (1898).

BECQUEREL und Frau CURIE waren die ersten, welche aus dem Umstand, daß die Strahlungsintensität mit dem Urangehalt wächst und daß diese Eigenschaft weder durch die Änderung des physikalischen Zustandes noch durch chemische Umwandlung beeinflußbar ist, den wichtigen Schluß zogen, daß die Strahlung eine Eigenschaft des Uranatoms sei.

Bei ihrer Suche nach anderen radioaktiven Stoffen unterzog Frau CURIE auch die Uranpechblende aus Joachimsthal in Böhmen einer sorgfältigen chemischen und elektrometrischen Untersuchung und fand, daß die Strahlung derselben fast dreimal intensiver sei, als dem Urangehalt zukomme. Ebenso fand sie, daß der Autunit (ein Kalkuranphosphat) viel stärker strahle als ein auf Grund der Uranbestimmung künstlich hergestelltes Gemenge. In diesen Mineralien müßten daher noch andere unbekannte, das Uran an Aktivität übertreffende Elemente vorhanden sein. Dieser Schluß war von größter Bedeutung und führte im Jahre 1898 zur Isolierung zweier neuer radioaktiver Elemente, des Radium und Polonium, aus der Pechblende, nachdem die österreichische Regierung der Frau CURIE große Mengen von Joachimsthaler Pechblendenrückständen überlassen hatte.

Durch mühselige Kontrolle der nach dem Gange der analytischen

Chemie voneinander abgetrennten Basen mittels Elektroskop und Spektroskop gelang es Frau CURIE, festzustellen, daß in der Bariumsowie Bleifraktion zwei hochaktive Elemente enthalten sind, von denen sie das mit Barium gemeinschaftlich abgeschiedene „Radium" (strahlende Materie), das andere zu Ehren ihres Heimatlandes Polen „Polonium" benannte.

II. Chemie des Radium

Die Isolierung des Radium aus der Pechblende wurde von Frau CURIE und DEBIERNE nach folgendem Verfahren, welches auch heute noch in der staatlichen Uranfabrik in Joachimsthal mit gewissen Verbesserungen Verwendung findet, durchgeführt:

Die gepulverte und geschlemmte Pechblende wird zunächst behufs Oxydation der Sulfide an der Luft erhitzt, hierauf in Tongefäßen mit salpetersäurehältiger, verdünnter Schwefelsäure kalt angerührt. Nach mehrtägigem Stehen wird mit Wasser verdünnt, die Lösung abgegossen, der Rückstand mit Wasser ausgewaschen. Die schwefelsaure Lösung enthält alles Uran, der in Schwefelsäure ungelöst gebliebene Anteil führt den Namen Erzlaugenrückstand, Pechblendenrückstand und besteht aus Silikaten, Eisenoxyd, Eisensulfat, Bleisulfat, Sulfaten der alkalischen Erden inklusive des Radium. Diese Rückstände enthalten annähernd dreimal so viel Radium als das gleiche Gewicht Pechblende, aus der sie stammen, etwa 0,4 mg Radiumelement im Kilo, und sind das unmittelbare Ausgangsmaterial für die Gewinnung des Radium aus der Pechblende. Zwecks Aufschlusses der Sulfate und Silikate wird der Rückstand mit der vierfachen Menge starker Lauge gekocht, mit Wasser ausgewaschen, hierauf mit dem gleichen Teil Salzsäure 1 : 1 auf dem Wasserbad erwärmt, der zurückbleibende Rückstand wieder ausgewaschen.

Die salzsaure Lösung enthält Gips, Eisenchlorid, Chlorblei, Bismut, Kupfer, Polonium und Aktinium, aber kein Radium. Der Rückstand, der Radium- und Bariumsulfat enthält, wird mit Sodalösung gekocht. Es bilden sich die Karbonate des Barium und Radium. Die Karbonate werden mit verdünnter Sodalösung, dann mit Wasser auf das peinlichste gewaschen, um eine Rückbildung des Karbonates in Sulfat beim späteren Überführen in das Chlorid zu verhindern. Dieser Prozeß des Auswaschens dauert im Fabrikationsbetrieb mehrere Wochen. Die Karbonate werden in absolut schwefelsäurefreier Salzsäure gelöst, durch Einleiten von Schwefelwasserstoff vorhandene Schwermetalle entfernt und das erhaltene Radium-Bariumchlorid aus schwach salzsaurem Wasser wiederholt umkristallisiert. Da das Radiumchlorid schwerer löslich ist als das Bariumchlorid, so erhält man allmählich durch mühselige fraktionierte Kristallisation fast bariumfreies Radiumchlorid. Will man chemisch reines Radiumchlorid herstellen, wie es für die Atomgewichtsbestimmung oder für die Herstellung der internationalen Standards von Frau Curie und Hönigschmid benötigt wurde, so muß das aus dem Fabriksbetrieb stammende, zirka 95%ige Chlorid noch wiederholt umkristallisiert werden.

Aus dem Karnotitsandstein und Urankalziumphosphat (Autunit) wird das Vanadium und Uran entfernt und der Rückstand durch Schmelzen mit Kaliumbisulfat aufgeschlossen. Das schließlich nach mehreren Prozessen erhaltene Radiumbariumsulfat wird auf dem Weg über Karbonat in Chlorid, bzw. letzteres wiederum in reines Sulfat umgewandelt. Das Schmelzverfahren zur Gewinnung des Radium aus Erzen soll 98% der theoretischen Ausbeute liefern.

Wenn man im Handel von Radium kurzweg spricht, so meint man nicht etwa Radiumelement, sondern ein Gemenge von Radium- und Bariumsalz. Wir werden später bei der Besprechung der in der Therapie verwendeten Bestrahlungsapparate, der „Radiumträger“, darauf zurückkommen, welche Konzentration für das medizinisch zu verwendende Radiumsalz genügt. Chemisch reines Radiumsalz kommt kaum in den Handel und ist für medizinische Zwecke überflüssig.

Der Beweis, daß es sich um ein neues Element handelt, wurde durch die Feststellung eines charakteristischen Spektrums erbracht. Es traten an bestimmten Stellen farbige Linien auf, die keinem bisher bekannten Element angehörten. Radium färbt die Flamme rot.

Die von Frau Curie 1907 durchgeführten Atomgewichtsbestimmungen ergaben für das Radium 226,34, Ramsay fand 226,36. Hönigschmid in Wien arbeitete mit absolut chemisch reinem Radiumchlorid nach den modernsten, klassisch zu nennenden Methoden und fand 225,97.

Das Atomgewicht des Radium wird vereinbarungsgemäß auf 226 abgerundet angeführt.

Durch Elektrolyse einer Lösung von 0,106 g Radiumchlorid bei Verwendung einer Quecksilberkathode und Platiniridiumanode hat Frau Curie 1910 auch Radiumelement, Radiummetall, als solches dargestellt. Das erhaltene Radiumamalgam wurde in ein Eisenschiffchen gebracht und das Quecksilber in einem luftleeren Quarzrohr im Wasserstoffstrom abdestilliert. Es hinterblieb ein glänzendes, silberweißes Metall, welches bei 700° C schmilzt und an der Luft durch wahrscheinliche Bildung von Nitrit schwarz wird. Es zersetzt sehr energisch Wasser und löst sich darin auf.

In seinem chemischen Verhalten ist das Radium dem Barium sehr ähnlich, mit dem es ja auch gemeinsam abgeschieden wird. Es ist eine für die Isolierung der winzigen Mengen radioaktiver Elemente günstige Eigenschaft derselben, daß sich diese winzigen aktiven Mengen der chemisch analogen gewöhnlichen Elemente infolge Absorption als Kern bedienen. Dadurch ist gerade ein Mittel gegeben, Radioelemente aus

Gemischen abzuscheiden. Will man alles Radium aus einem Uransalz entfernen, so setzt man der Uranlösung ein lösliches Bariumsalz zu und fällt mit Schwefelsäure. Das Bariumsulfat absorbiert im Moment der Fällung alles Radium, und die überstehende Flüssigkeit ist radiumfrei. Ebenso wird das Polonium gemeinsam mit seinem Analogon Tellur abgeschieden. Durch Elektrolyse von Radiobleisalzlösung erhält man bei bestimmter Stromdichte (0,16 Mikroampere pro 1 cm² Kathodenoberfläche) das Polonium, frei von Radium D, Radium E und Blei auf die Kathode.

Radiumchlorid und -bromid bilden farblose, wasserlösliche Kristallnadeln, das Karbonat ist amorph, in Salzsäure und Salpetersäure leicht löslich, Radiumsulfat ist amorph und in Säuren fast unlöslich.

$$100 \text{ mg Ra Cl}_2 = 76{,}1 \text{ mg Ra}$$
$$100 \text{ mg Ra SO}_4 = 70{,}2 \text{ mg Ra}$$
$$100 \text{ mg Ra CO}_3 = 79 \text{ mg Ra}$$
$$100 \text{ mg Ra Br}_2 + 2 \text{ H}_2\text{O} = 53{,}6 \text{ mg Ra}$$

III. Fundorte für Uranerze und die Ausbeute an Radium

Fundorte für Uran, demnach radiumhältige Mineralien, welche genügend ergiebig sind, um eine fabriksmäßige Gewinnung von Radium zu ermöglichen, finden sich in Joachimsthal in Böhmen, im Belgischkongo und in Pennsylvanien. Für die Weltproduktion wenig bedeutende Lagerstätten an Pechblende sind in Madagaskar, an Autunit (Urankalziumphosphat) in Portugal vorhanden.

Die Ausbeute an Radium aus der Pechblende beträgt zirka 85% der theoretischen, welch letztere sich mit 1 g Radiumelement aus 3000 kg Uranelement berechnet. Da die Joachimsthaler Pechblende im Mittel gegen 40% Uran enthält, müssen demnach gegen 9 Tonnen Erz für 1 g Radiumelement verarbeitet werden. Die Pechblende besteht im wesentlichen aus einem Gemenge von Uranoxydul und Uranoxyd. In Amerika wurde das Radium aus in Colorado vorkommenden Sandsteinen gewonnen, welche wenige Prozente Karnotit, Kaliumuranvanadat, enthalten. Die Ausbeute aus diesem Sandstein beträgt 2 bis 10 mg Radiumelement pro Tonne. Die Lagerstätten der Kupferminen bei Katanga im Belgisch-Kongo enthalten weniger Pechblende, vorwiegend gelbgrün gefärbte Mineralien, welche sich aus Phosphaten und Silikaten des Uran, Eisen, Kupfer, Blei, Kalzium und Barium zusammensetzen. Die Kongolagerstätten sind so uranreich, daß Amerika seit Eröffnung der Radiumfabrik in Oolen bei Antwerpen im Jahre 1922 seine Fabrikation eingestellt hat. Die Ausbeute aus den belgischen Erzen beträgt durchschnittlich 100 mg Radiumelement pro Tonne, die Jahresproduktion gegen 30 g. Der Preis des Radium ist daher sehr stark gesunken und dürfte noch weiter sinken. Man kann jetzt schon das Milligramm Radiumelement mit 50 bis 60 Dollar, je nach der Konzentration des Radiumsalzes, erhalten, während der Preis vor Auffindung der Kongogruben 100 bis 110 Dollar betragen hat. Die Radiumproduktion in Joachimsthal ist wegen der Schwierigkeiten der Erzschürfung kaum mehr rentabel, da die belgische Produktion den Markt beherrscht.

IV. Herkunft, Werden und Vergehen des Radium

Becquerel und das Ehepaar Curie hatten die spontane Strahlung entdeckt. Daß dieselbe die Begleiterscheinung einer Atom u m wandlung ist, wurde im Jahre 1901 von Rutherford und Soddy erkannt. Rutherford kam zur Aufstellung seines Zerfallsgesetzes bei seinen Untersuchungen über das Verschwinden und Wiederauftreten der chemisch abgetrennten Aktivität im Thorium. Er fand nämlich, das nach Abtrennung des dem Radium ähnlichen Thorium X vom Thorium die Radioaktivität des Thorium X mit derselben Geschwindigkeit abnahm, als diejenige des Thorium wieder zunahm. Nach vollständigem Verschwinden der Aktivität des abgetrennten Thorium X hatte das Thorium seine ursprüngliche Aktivität wieder erlangt. Der Umstand, daß Thorium seine (mit Ammoniak) auf chemischem Weg abgetrennte Aktivität (Thorium X) nach der gleichen Zeit, etwa nach vier Wochen, wiedererlangte, konnte nur durch Atomumwandlung des Thorium und Eintreten eines Gleichgewichtszustandes erklärt werden, in welchem sich ebensoviele Thoratome in Thorium X-Atome umwandeln, als Thorium-X-Atome zerfallen. Wiederbildung und Zerfall halten sich demnach das Gleichgewicht.

Ebenso wie beim Thorium ist es bei der Abtrennung der Emanation vom Radium. In der gleichen Zeit zerfällt ebensoviel Emanation, als sich aus dem Radium wiederbildet. Die Kurven, welche den Anstieg der Emanation aus dem Radium oder den Anstieg des Thorium X aus dem Thorium und die Abklingung der vom Radium abgetrennten Emanation, bzw. des vom Thorium abgetrennten Thorium X darstellen, sind komplementär (Abb. 2).

Rutherfords Zerfallsgesetz besagt: Die radioaktiven Atome sind unbeständig, in fortwährender Umwandlung begriffen, und die Strahlung ist eine Begleiterscheinung des Atomzerfalles. Die Ursache der Labilität der radioaktiven Atome ist derzeit noch unbekannt; es sind allerdings mit zwei Ausnahmen Atome mit hohem Atomgewicht, demnach hoher Zahl der den Atomkern zusammensetzenden Teilchen. Da aber Uran und Thorium trotz höherem Atomgewichte um vieles langsamer zerfallen als Radium und auch bei zwei Elementen von niederem Atomgewicht, Kalium und Rubidium, eine β-Strahlung nachgewiesen wurde, müssen andere Ursachen für die Lockerung des Gefüges maßgebend sein. Es sind uns derzeit unbekannte Vorgänge im Atomkern, welche das Herausschleudern von Heliumkernen und Elektronen zur Folge haben.

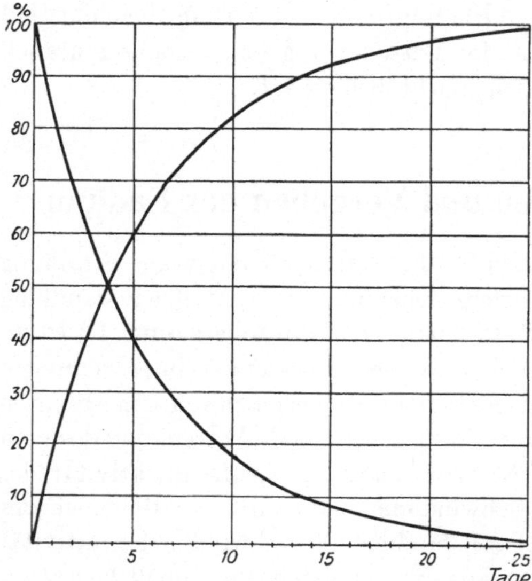

Abb. 2. Anstieg der Emanation aus Radium und Zerfall der Emanation

Im Atom kreisen nicht nur um den Atomkern Elektronen, sondern auch im Kern selbst sind Elektronen eingebaut, welche eine Schutzwirkung gegen das Auseinanderstieben der den Kern zusammensetzenden positiven Teilchen ausüben. Die Labilität des radioaktiven Atomes, die Lockerung der Kernkohäsion, beruht offenbar auf den beim Aufbau der Materie aus Wasserstoffkernen und Elektronen herrschenden Energieumsätzen. Die große Stabilität des Heliumkernes, welcher unversehrt als α-Teilchen die Zerfallskatastrophe überlebt, findet darin eine Erklärung, daß beim Zusammentreten von vier Wasserstoffkernen zu einem Heliumkern ein großes Energiequantum frei wird. Zur Zerlegung des Heliumkernes reicht sogar die beim radioaktiven Zerfall zur Verfügung stehende Energie nicht aus, weshalb es nur zur Aussendung von Heliumkernen, nicht von Wasserstoffkernen kommt. (Siehe Seite 94).

Daß Radium ein Umwandlungsprodukt des Urans sei, wurde zuerst von Boltwood erkannt, welcher feststellte, daß sich in den primären Erzen, wie z. B. in der Pechblende, die Mengen des Uranelementes und Radiumelementes stets wie 3000 kg : 1 g verhalten.

Aus dieser konstanten Beziehung geht hervor, daß in der Pechblende ein Gleichgewichtszustand zwischen Uran und Radium vorhanden ist. Zur Erreichung dieses Gleichgewichtszustandes zwischen Uran und Radium sind zirka 1½ Millionen Jahre nötig gewesen.

Jedes radioaktive Element besitzt eine ihm eigentümliche Zerfallsgeschwindigkeit. Als Maß derselben kann man die Zeit angeben, in welcher ein radioaktives Element auf die Hälfte zerfällt. Man nennt diesen Zeitraum Halbierungs- oder Halbwertszeit; dieselbe beträgt für Uran 4,3 Milliarden Jahre, für Radium 1580 Jahre, für Radiumemanation 3 Tage 22 Stunden.

Da Radium in 1580 Jahren auf die Hälfte, in 15 800 Jahren auf $^1/_{10}$%, also praktisch auf Null abklingt, folgt, daß das gegenwärtig in den Uranerzen vorhandene Radium nicht aus undenkbaren Zeiten herstammt, sondern durch Nacherzeugung von Seite eines anderen Elementes, des Urans, in den Erzen in der Gleichgewichtsmenge (3000 kg Uranelement: 1 g Radiumelement) vorhanden ist.

Der radioaktive Zerfall findet nicht mit gleichförmiger Geschwindigkeit statt, es zerfällt in der Zeiteinheit nicht eine gleiche Anzahl von Atomen, sondern ein konstanter Bruchteil der jeweilig noch vorhandenen Atome. Dieser Bruchteil wird als Umwandlungs- oder Zerfallskonstante bezeichnet und ist als Größe λ in den mathematischen Formeln angeführt. Die Umwandlungskonstante wird durch eine Reihe von in verschiedenen Zeiten durchgeführten Messungen der noch vorhandenen Menge Radioelement, am einfachsten aus der Halbwertszeit, ermittelt und beträgt beim Radium $\dfrac{1}{2280} = 4{,}4.10^{-4} = 0{,}00044$, das Jahr als Zeiteinheit gerechnet, bei der Radiumemanation $\dfrac{1}{133} = 0{,}00752$, die Stunde als Zeiteinheit gerechnet. 1 g Radiumelement nimmt pro Jahr um 0,4 mg ab. Wenn in der ersten Stunde nach der Abtrennung der Emanation vom Radium der $\dfrac{1}{133}$ Teil der anfangs vorhandenen Emanationsatome zerfällt, so würden in 133 Stunden die gesamten Emanationsatome zerfallen; beim Radium zerfällt im Jahre $\dfrac{1}{2280}$ der vorhandenen Radiumatome, demnach würden in 2280 Jahren die gesamten, ursprünglich vorhandenen Radiumatome zerfallen. Die Größe $\dfrac{1}{\lambda}$ wird mittlere Lebensdauer genannt und gibt die Zeit an, in welcher das betreffende Radioelement vollständig zerfallen würde, wenn in der Zeiteinheit gleich viele Atome zerfielen. Von 1 g Radiumelement $= 2{,}7.10^{21}$ Atomen zerfallen pro Sekunde $.3{,}4.10^{10}$ Atome, d. i. jährlich $10{,}7.10^{17}$ Atome. Die mittlere Lebensdauer beträgt $\dfrac{2{,}7.10^{21}}{10{,}7.10^{17}} = 2300$ Jahre.

Mittlere Lebensdauer, Halbwertszeit, Umwandlungskonstante stehen zueinander in enger Beziehung, und es lassen sich, wenn eine dieser Größen gegeben ist, die anderen berechnen. Auf diese Berechnungen werden wir bei der Besprechung der Herstellung und Messung von Emanationslösungen zurückkommen.

Es sind bisher über 40 radioaktive Elemente bzw. Atome bekannt. Von diesen hat das Radium die größte Verwendung gefunden; die Gesetzmäßigkeiten des radioaktiven Zerfalles wurden hauptsächlich am Radium, bzw. seiner Emanation studiert. Der Grund liegt darin, daß das Radium infolge seiner günstig liegenden Lebensdauer in größeren Mengen dargestellt werden kann, sein Zerfall innerhalb von Jahrzehnten praktisch kaum in Rechnung zu ziehen und die Aktivität doch eine relativ hohe ist.

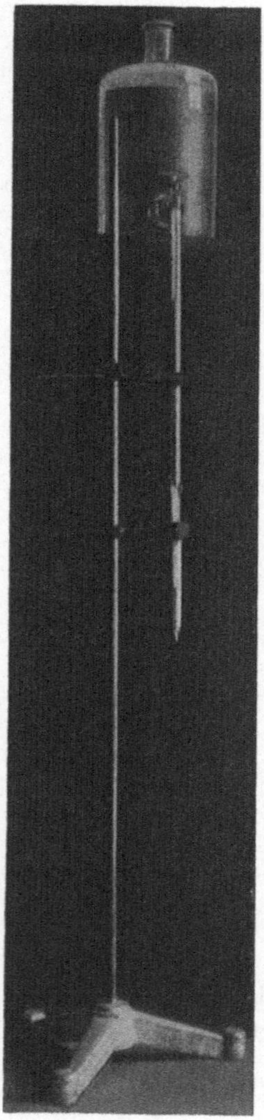

Die radioaktiven Elemente können nach ihrer Herkunft und ihren gegenseitigen Beziehungen geradezu in Familien eingereiht werden, und zwar kennt man zwei Zerfallsreihen, eine Uran- und eine Thoriumreihe. Jedes Glied einer Zerfallsreihe (Familie) leitet sich stufenweise durch Umwandlung von vorhergehenden Gliedern ab.

Aktinium ist kein selbständiges Stammelement, wie man früher annahm, sondern zweigt durch dualen Zerfall von Uran Y ab, gehört demnach der Uranreihe an. Unter dualem Zerfall versteht man die Erscheinung, daß ein radioaktives Atom zweierlei Umwandlungsmöglichkeiten besitzt, und je nach der Zerfallswahrscheinlichkeit der beiden Stabilitäten zwei verschiedene Zerfallsprodukte entstehen können, wie z. B. Uran II in Uran Y und Ionium, Radium C in Radium C′ und Radium C″ abzweigt.

V. Die Zerfallsreihen der radioaktiven Elemente

Um diese Zerfallsreihen bzw. Atomumwandlung anschaulicher zu machen, sei ein dem SODDY und P. LUDEWIGschen (Ph. Z. 17, 1916, S. 145) ähnliches Wasserreservoirsystem (Abb. 3) beschrieben. Man hat die radioaktiven Zerfallsreihen mit einer Anzahl übereinander gestellter Wasserbehälter verglichen, welche miteinander in Verbindung stehen und deren oberster durch stetigen Zufluß von Wasser gespeist wird. Diese Reservoire besitzen verschiedene Höhe, aber denselben Querschnitt und am Boden Auslaßöffnungen von verschiedener Weite. Das Wasser fließt vom Boden des einen Reservoirs stets oben in das nächste, tieferstehende ab. Der stetige Wasserzufluß am obersten Ende des Systems stellt die Erzeugung des ersten Zerfallproduktes seitens des Stammelementes,

Abb. 3. Wasserreservoirsystem

Uran oder Thorium, dar. Die Umwandlungszeit des letzteren ist von der Größenordnung tausend Jahrmillionen, die Abnahme daher in kurzen Zeiträumen kaum merklich und der Zufluß fast konstant. Die Reservoire mit kleinen Auslauföffnungen stellen die langlebigen, diejenigen mit weiten Auslauföffnungen die kurzlebigen Radioelemente dar, und zwar ist die Größe des Auslasses der Lebensdauer umgekehrt proportional. Aus den Reservoirs mit weiten Auslässen fließt das vorhandene Wasserquantum z. B. in wenigen Minuten auf die Hälfte ab, während das Reservoir mit engen Auslässen erst in einer Stunde auf die Hälfte abfließt. Das Niveau nimmt in den Reservoirs anfangs rasch zu, später immer langsamer und wird schließlich konstant. In diesen Reservoirs sammelt sich das Wasser an, bis ein Druckausgleich eingetreten ist, bei dem Zufluß- und Abflußmenge in jedem Reservoir während derselben Zeit (Zeiteinheit) gleich sind. Wenn also das Wasser genügend lange geflossen ist, wird sich ein Gleichgewichtszustand einstellen, in welchem das Niveau bei allen Reservoirs konstant bleibt, weil eben gleich viel Wasser zu- und abfließt. Während die oberste Fünfliterflasche A das Stammelement Uran darstellt, veranschaulicht die mittlere Bürette B den Zerfall des Radiums, die unterste Bürette C den Zerfall der Emanation. Die pro Sekunde zerfallende Anzahl der Atome (analog der ausfließenden Wassermenge) ist der jeweilig vorhandenen Anzahl proportional und Gleichgewicht tritt ein, wenn die Menge Tochterelement, die zerfällt, gleich ist der aus dem Vaterelement wiedergebildeten.

Daß stets nur ein konstanter Bruchteil der vorhandenen Atome zerfällt, findet auch seine Analogie bei unserem Reservoirsystem, denn aus einem Wasserbehälter, z. B. aus Büretten, fließt um so mehr Wasser in einer Zeiteinheit aus, je mehr Wasser vorhanden, je höher der Wasserstand ist.

Die Aktivität eines radioaktiven Elementes hängt sinngemäß von der Anzahl der pro Sekunde zerfallenden Atome ab. Kurzlebige Elemente sind aktiver als langlebige, demnach ist die Aktivität der Lebensdauer verkehrt proportional. Die Aktivitäten entsprechen der in der Zeiteinheit ausfließenden Wassermenge, also den Ausflußgeschwindigkeiten.

Daraus, daß die Anzahl der zerfallenden Atome für alle Glieder einer Zufallsreihe im Gleichgewicht die gleiche ist (es zerfallen in der Zeiteinheit ebensoviele Uranatome in Radiumatome, als Radiumatome in Emanationsatome usw.), folgt aber nicht, daß von allen Gliedern im Gleichgewicht die gleiche Menge vorhanden ist.

Man kann auch hier an diesen Büretten feststellen, daß die im Gleichgewicht angesammelten Wassermengen ganz verschieden sind. Denn von den Radioelementen mit sehr langer Umwandlungszeit, wie z. B. Thor und Uran, hat sich bis zum Eintreten des Gleichgewichtszustandes mehr angesammelt als von einem relativ kurzlebigen Element, dem Radium. Es zerfallen allerdings im Gleichgewicht gleich viele Atome eines jeden Gliedes der Zerfallsreihe, aber diese gleiche Anzahl ist bei Uran z. B. in einem Zeitraum von 3,85 Tagen nur ein winziger Bruchteil der vorhandenen Uranatome, während dieselbe Anzahl bei der Radiumemanation bereits die Hälfte der vorhandenen Emanationsatome ausmacht.

Es muß demnach im Gleichgewichte von den Radiumelementen von kurzer Lebensdauer proportional weniger vorhanden sein, als von Elementen von langer Lebensdauer, die vorhandenen Mengen sind der Lebensdauer oder Halbwertszeit direkt proportional.

Aus den Zerfallskonstanten lassen sich daher die Gleichgewichtsmengen berechnen. Für Uran und Emanation ergeben sich folgende Gleichgewichtswerte:

Die Halbwertszeit des Uran beträgt $4,3.10^9$ Jahre, des Radiums 1580 Jahre, der Emanation 3,85 Tage $= 0,011$ Jahre. Daraus ergibt sich, daß 1 g Radiumelement mit rund 3000 kg Uran und mit 0,007 mg Emanation im Gleichgewicht steht.

Die Pechblende ist ein Repräsentant der Uranzerfallsreihe, sämtliche Glieder derselben sind in ihren Gleichgewichtsmengen vorhanden. Jedes Uranerz stellt einen genauest laufenden Chronometer vor, da das Fortschreiten des Abbaues nach unabänderlichen Gesetzen erfolgt.

Nachdem die Zerfallsgeschwindigkeit des Uran bekannt ist, läßt sich aus dem durch chemische Analyse ermittelten Verhältnis des Uran zum Bleigehalt das Alter des Erzes berechnen.

Beispiel: Pechblende mit 65,1% Uran und 4,2% Blei. Diese 4,2% Blei entsprechen 4,6% ursprünglichem Uran.

$$65,1 + 4,6 = 69,7\% \text{ Ursprüngliches Uran.}$$

Von 69,7 Gewichtsteilchen Uran sind 4,6 in Blei übergegangen.

$$69,7 : 4,6 = 1 : x$$

x = 0,064, d. h. 6,4% des Uran sind Blei geworden.

$$t = ? \quad e^{-\lambda t} = 0,936 \qquad 1 - 0,064 = 0,936$$
$$\lambda\, t = x$$

$$- x \log e = \log 0,936$$
$$e^{-x} = 0,936 \qquad - x\, 0,4343 = 0,97128 - 1 = -0,029$$

$$\lambda\, t = x = \frac{0,029}{0,4343} = 0,07$$

$$\lambda_{\text{Uran}} = 1,5\, .\, 10^{-10} \text{ (Jahre)}^{-1}$$

$$t = \frac{7\, .\, 10^{-2}}{1,5\, .\, 10^{-10}} = 4,7\, .\, 10^8 \text{ Jahre.}$$

Die vorliegende Pechblende enthält ein Bleiquantum, zu dessen Ansammlung 470 Millionen Jahre nötig waren.

VI. Die Umwandlungsprodukte des Radium

Das Radium (Atomgewicht 226) zerfällt in zwei Edelgase, in das nichtaktive Heliumgas (Atomgewicht 4) und in das radioaktive Emanationsgas (Atomgewicht 222). Für Emanation (Ausstrahlung) wurde von RAMSAY der Name „Niton" vorgeschlagen, der aber keine allgemeine Annahme gefunden hat. Da noch zwei andere Radioelemente Emanation abgeben, so wird die vom Radium gebildete Radiumemanation oder kurz Radom genannt. Alle drei Emanationen des Radium, Thorium und Aktinium (Radom, Thorom, Aktom) sind Edelgase, daher nullwertig und haben einatomige Moleküle. Die Emanationsmenge, die mit 1 g Radiumelement im Gleichgewicht steht, sich also maximal aus diesem Radiumquantum ansammeln kann, hat das verschwindend kleine Gewicht von 0,007 mg und nimmt ein Volumen von 0,59 mm³, also kaum eines Stecknadelkopfes ein. Die Heliummenge, welche 1 g Radiumelement samt seinen Zerfallsprodukten pro Jahr produziert, beträgt 156 mm³.

Die Heliumproduktion verdankt der Umwandlung der α-Strahlen in Helium seine Entstehung, wie die sehr befriedigende Übereinstimmung der tatsächlich gemessenen Heliumgasmenge mit der aus der α-Strahlenaussendung errechneten beweist. Durch direkte Zählung nach der Szintillationsmethode (siehe S. 63) wurde berechnet, daß 1 g Radiumelement $3{,}4 \cdot 10^{10}$ α-Teilchen pro Sekunde aussendet, daher im Gleichgewicht mit seinen drei α-strahlenden Umwandlungsprodukten: Emanation, Radium A und Radium C $13{,}6 \cdot 10^{10}$ α-Teilchen. Es zerfallen im Gleichgewichtszustand von allen Gliedern der Zerfallsreihe die gleiche Anzahl von Atomen: In einem Jahr $= 3{,}15 \cdot 10^{7}$ Sekunden, daher $3{,}15 \cdot 10^{7} \cdot 13{,}6 \cdot 10^{10} = 4{,}3 \cdot 10^{18}$ α-Teilchen.

Da in 1 cm³ jedes beliebigen Gases $2{,}7 \cdot 10^{19}$ Moleküle vorhanden sind, so errechnet sich: $2{,}7 \cdot 10^{19} : 1000 \ \text{mm}^3 = 4{,}3 \cdot 10^{18} : x$; $x = 156 \ \text{mm}^3$ Heliumgas.

Die Emanation wandelt sich in Radium A, dieses in Radium B, letzteres wieder in Radium C, Radium C durch dualen Zerfall in Radium C′ und Radium C″, letztere in Radium D, Radium D in Radium E, Radium E in Radium F und Radium F schließlich in die nichtaktive Bleiart Radium G um. Radium A, B, C, C′ und C″ faßt man unter dem Namen „induzierte Aktivität" oder „aktiver Radiumniederschlag" zusammen. Alle Gegenstände, welche mit Emanation oder emanationshältiger Luft in Berührung, kommen, werden radioaktiv, weil sich die festen Zerfallsprodukte der Emanation an den Gegenständen niederschlagen. Die induzierte Aktivität stirbt nach der Abtrennung von der Emanation schon nach drei Stunden ab und es verbleibt eine Restaktivität, die vom Radium D, Radium E und Radium F herrührt. Die induzierte Aktivität läßt sich auf einer negativ geladenen Elektrode sammeln. Befindet sich Emanation in einer gasdicht verschlossenen Metalldose, in der isoliert ein negativ geladenes Platin- oder Goldblech enthalten ist, während die Metalldose geerdet oder positiv geladen wird, so schlägt sich die induzierte Aktivität nicht an der ganzen Innenwand der Dose, sondern nur auf der Kathode nieder. Von dieser kann die induzierte Aktivität, sobald das Gleichgewicht mit der Emanation eingetreten ist, d. i. nach drei Stunden, mit verdünnter Salzsäure abgelöst werden. Der aktive Niederschlag läßt sich auch schon durch Abwischen mit einem Tuch von der Elektrode entfernen. Die positive Aufladung der Atomreste, der neuen Atome Radium A, B, C, beruht auf einem Rückstoßvorgang, den wir später eingehend beschreiben.

Die Zerfallsprodukte der Emanation sind feste Elemente, und zwar ist Radium A und Radium F mit Tellur, Radium B und Radium D mit Blei, Radium C und Radium E mit Bismut chemisch identisch, d. h. isotop. Auf die interessante Erscheinung der Isotopie, das Auftreten ein- und desselben Elementes in verschiedenen Atomarten, kommen wir noch im Anhang zurück.

Daß Blei das Endprodukt des radioaktiven Zerfalles der Uranreihe sei, vermutete man schon auf Grund des RUTHERFORDschen Zerfallsgesetzes, aus der Differenz des Atomgewichtes von Uran und Blei sowie aus dem konstanten Verhältnis zwischen dem Blei- und Heliumgehalt der Pechblende. Denn, wenn man annimmt, daß das Radium aus dem Uran durch Abgabe von drei Heliumatomen, aus dem Radium durch weitere Abgabe von fünf Heliumatomen Blei entsteht, so muß der Heliumgehalt eines genügend alten Minerales, z. B. in der Pechblende, sich zum Bleigehalt verhalten wie $8 \times 4 : 206$. Die Analyse ergibt mit dieser Voraussetzung annähernd übereinstimmende Werte. Da das Atomgewicht des Urans mit 238 und das des Radiums von HÖNIGSCHMID in Wien mit 226 ermittelt wurde, so kommt dem Blei nach dem Zerfallsgesetz das Atomgewicht 206 zu. Das einwandfrei festgestellte Atomgewicht des Blei von 207,18 stand daher im Widerspruch mit dem Zerfallsgesetz. HÖNIGSCHMID konnte jedoch aus reinster Pechblende afrikanischer Herkunft Blei isolieren, welches das nach dem Zerfallsgesetz zu erwartende Atomgewicht von 206,05 besitzt. Aus Joachimsthaler Pechblende isoliertes Blei erwies sich als ein Gemisch von Zerfallsblei (einem Isotop des Blei) und gewöhnlichem, aus beigemengtem Bleiglanz stammenden Blei, weshalb Mischzahlen zwischen 206,05 bis 207 erhalten wurden. Das als Endprodukt des Uran- bzw. Radiumzerfalles entstehende Blei ist chemisch mit dem gewöhnlichen Blei identisch, unterscheidet sich von demselben aber durch eine Einheit im Atomgewicht, stellt demanach ein Isotop (Atomart) des Blei vor.

VII. Die Strahlenarten beim radioaktiven Zerfallsprozeß

Eine alle Strahlenarten umfassende Definition dessen, was man unter „Strahl" versteht, ist nicht leicht zu geben. Die Definition des Strahles als die Bahn einer Energieumwandlung von einer Energiequelle aus ist noch die einwandfreieste. Energie ist Arbeitsfähigkeit, das in der Natur herrschende Bestreben, Arbeit zu leisten, eine Energiequelle demnach eine Anordnung, welche Arbeit zu leisten vermag. Unter Korpuskularstrahlen, zur Unterscheidung von Wellenstrahlen, versteht man Strahlen, bei welchen die Energie von den mit Masse behafteten strahlenden Teilchen mitgeführt wird, wie es bei Wasserstrahlen, Sandstrahlen, Kanal- und Kathoden-, den α- und β-Strahlen der radioaktiven Elemente der Fall ist.

Beim radioaktiven Umwandlungsprozesse treten analog wie in der Vakuumröhre drei Strahlenarten auf: die α-, β- und γ-Strahlen.

Nach ihrem Durchdringungsvermögen und dem durch dieses bedingten Grad der Absorbierbarkeit unterscheidet man weiche und harte Strahlen.

Das Durchdringungsvermögen ist nicht nur von der Geschwindigkeit, sondern auch von der Masse der Teilchen abhängig.

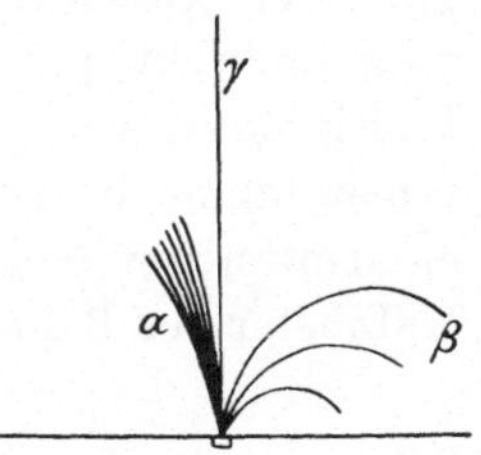

Abb. 4. Verhalten der α-, β- und γ-Strahlen im magnetischen Felde

Die α-Strahlen sind mit ungefähr $\dfrac{1}{20}$ bis $\dfrac{1}{15}$ Lichtgeschwindigkeit aus dem radioaktiven Atomkern abgeschleuderte Heliumkerne, demnach mit Masse im gewöhnlichen Sinne behaftete Strahlen. Da nur der Atomkern Heliumkerne enthält, so können α-Teilchen nur aus diesem stammen. Mit dem doppelten Elementarquantum positiver Elektrizität geladen, werden die α-Strahlen in einem Magnetfeld von ihrer Bahn abgelenkt. Die α-Strahlen sind daher den positiven Gasionen, den Kanalstrahlen der Röntgenröhre, wesensgleich. Trotz geringerer Fluggeschwindigkeit weisen die α-Strahlen infolge ihrer relativ großen Masse von allen Strahlenarten der radioaktiven Stoffe die größte lebendige Kraft $\left(\dfrac{m\,v^2}{2}\right)$ und deshalb das stärkste Ionisierungsvermögen auf. Ihre Härte hingegen ist gegenüber den anderen Strahlenarten gering. Schon ein Blatt Papier, eine Lage Stanniol, 0,03 mm Glas, Aluminium oder Glimmer, 0,1 mm Haut halten die α-Strahlung zurück. Auf ihrem Weg in der Luft werden die Teilchen gebremst, laufen sich in wenigen Zentimetern vom Atom tot, wodurch die Fähigkeit, Ionisierung und Lichterscheinungen in gewissen Substanzen zu erzeugen, verschwindet. Die Reichweite der α-Strahlen, d. i. die Entfernung in der Luft, innerhalb welcher die α-Strahlen ihre ionisierende Wirkung ausüben, ist für ein und dasselbe radioaktive Element eine Konstante, schwankt jedoch bei den verschiedenen α-strahlenden Elementen von 2,5 cm wie bei Uran, bis 8,6 cm bei Thorium C. Die Reichweite in der Luft hängt von der Anfangsgeschwindigkeit ab, mit welcher das α-Strahlenteilchen — der Heliumkern — aus dem Atomkern herausfliegt. Entsprechend der verschiedenen Reichweite bzw. Fluggeschwindigkeit und der dadurch verursachten lebendigen Kraft ist die Zahl der durch ein α-Teilchen in der Luft erzeugten Ionen eine verschiedene. So ruft ein α-Teilchen des Radium 145.000, der Radiumemanation 163.000, des Radium C 220.000 Ionenpaare in der Luft hervor. Die Ionisierungsfähigkeit der α-Strahlenteilchen nimmt mit der Geschwindigkeitsverminderung — Bremsung — zu, und zwar indirekt proportional den Kuben der Geschwindigkeiten. Das Ionisierungsvermögen, gemessen durch die Zahl der in Luft erzeugten Ionen, nimmt bis zur Erreichung der maximalen Reichweite zu, um dann momentan auf Null zu sinken. Die Kurve, welche die Ionisation pro Millimeter der Bahn bei Atmosphärendruck und 12° C für die α-Teilchen von Radium C, dessen maximale Reichweite 7,6 cm beträgt, veranschaulicht, zeigt folgenden Verlauf:

Bei Entfernung von der Strahlenquelle in cm	Zahl der Ionen pro mm
1	2250
5	3600
7	4000
7,6	0

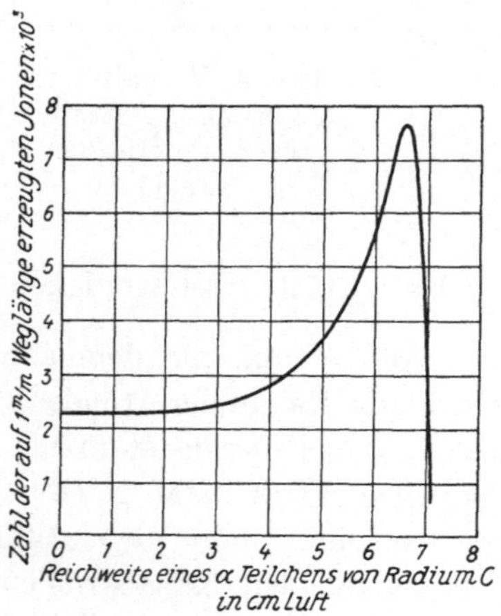

Abb. 5. Ionisation durch ein α-Teilchen für verschiedene Punkte der Reichweite

(Aus Rutherford, Radioaktive Substanzen und ihre Strahlungen)

Dieses Verhalten des α-Teilchens wird durch folgendes Gleichnis begreiflich: Eine Gewehrkugel erzeugt ein Loch in einem Fensterglas, ein mit der Hand geworfener Stein gleichen Gewichtes wie die Kugel zertrümmert das Fenster.

Der Beweis, daß das α-Teilchen ein mit großer Geschwindigkeit aus dem radioaktiven Atom herausgeschleuderter Atomkern des Heliums ist, gelang RUTHERFORD und ROYDS durch folgenden grundlegenden Versuch: Die experimentelle Anordnung ist auf nebenstehender Figur zu ersehen.

Die mit zirka 140 mg Radium im Gleichgewicht befindliche Emanationsmenge wurde mittels einer Quecksilbersäule in ein feines Kapillarröhrchen a von 1,5 cm Länge gedrängt; dieses feine Rohr, welches an eine größere Kapillare *B* angeschmolzen war, war genügend dünnwandig, um dem α-Teilchen der Emanation den Durchtritt zu gestatten. Die Wandstärke der verwendeten Glaskapillare war etwa 0·01 mm. Die Kapillare *A* war umgeben von einem zylindrischen Rohr *T* von 7,5 cm Länge und 1,5 cm Durchmesser, wel-ches mittels der Erweiterung *C* an-geschmolzen war. Das Ende von *T* stand mit dem dünnen Vakuumrohr *V* in Ver-bindung. Das äußere Glasrohr *T* wurde mittels einer Luftpumpe vom Hahn *D* aus ausgepumpt und das Vakuum mit der Holzkohlen röhre *F*, die mit flüssi-ger Luft gekühlt wurde, vervollstän-digt. Mit Hilfe der Quecksilbersäule durch *H* wurde Quecksilber nach *T* getrieben, bis der Grund von *H* erreicht war. Durch Heben des Quecksilberreser-voirs *M* konnte Helium in der Vakuum-röhre *V* komprimiert und spektro-skopisch nachgewiesen werden. Vor dem Versuch wurde die Abwesenheit von Helium festgestellt. Nach vier Tagen waren bereits Linien und nach sechs Tagen alle stärkeren Linien des Helium-spektrums erkennbar.

Wurde das Emanationsröhrchen entfernt und ein neues Röhrchen, mit Heliumgas gefüllt, eingebracht, so war selbst nach acht Tagen keine Spur von Helium in dem Vakuumrohr nachweis-

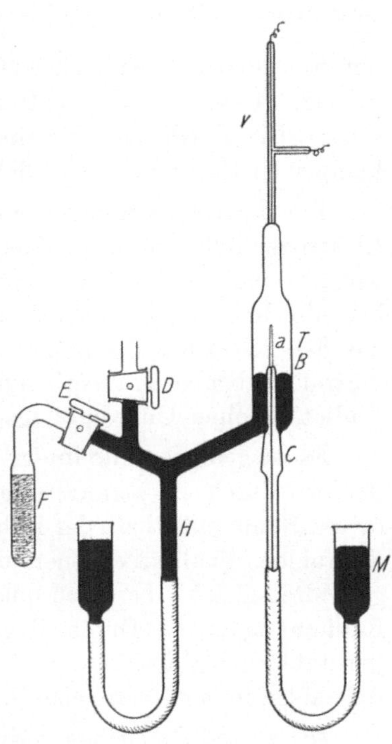

Abb. 6. Nachweis der Umwand-lung der α-Teilchen in Helium nach Rutherford und Royds

bar. Dieser Versuch beweist einwandfrei, daß das α-Teilchen nach Ver-lust seiner Ladung in ein Heliumatom übergeht. Der freie, positiv ge-ladene Heliumkern kann nach Austreten aus der Glaskapillare als solcher nicht existieren, sondern wandelt sich nach Einfangen von zwei Elek-tronen, die man als allgegenwärtig im Raum annehmen darf, in neutrales, normales Heliumgas um.

Die β-Strahlen sind schnell bewegte Elektronen, sie werden in einem magnetischen Feld nach der entgegengesetzten Richtung der α-Strahlen und viel leichter wie diese abgelenkt.

Die β-Strahlen sind den Kathodenstrahlen der Röntgenröhre wesens-gleich. Ihre Masse ist etwa $^1/_{1800}$ des Wasserstoffatoms.

Infolge ihrer großen Fluggeschwindigkeit und geringen Masse besitzen die β-Strahlen eine viel größere Härte als die α-Strahlen; sie durchdringen viel längere Luftstrecken und werden je nach der Dichte, der Natur des durchstrahlten Mediums absorbiert.

Die β-Strahlung des Radium wird vorwiegend von Radium B und C geliefert, ist komplex, da die einzelnen β-Strahlen sich durch verschiedene Geschwindigkeit von $\dfrac{1}{3}$ bis nahezu Lichtgeschwindigkeit voneinander unterscheiden und demnach ein Gemenge von harten und weichen Strahlen vorliegt. Das einzelne Elektron besitzt jedenfalls eine endliche Reichweite. Die Reichweite für die β-Strahlung anzugeben, ist wegen der komplexen Natur nicht möglich.

Die β-Strahlen können entweder aus dem Kern oder der äußeren Elektronenhülle stammen. Liegt eine Kern-β-Strahlung vor, so muß mit der Aussendung des β-Teilchens eine entsprechende Umwandlung des betreffenden radioaktiven Atomes in ein neues verknüpft sein; stammt das β-Teilchen aus der äußeren Elektronenhülle, dann gibt es kein der β-Strahlenabgabe entsprechendes Folgeprodukt, wie z. B. bei Radium, Radiothor ohne Umwandlungsprodukte usw.

Es ist gelungen, die in der Glühkathodenröhre erzeugten Kathodenstrahlen durch ein LENARDsches Fenster aus versteifter Aluminiumfolie in den Raum außerhalb der Röhre austreten zu lassen. Diese künstlichen β-Strahlen, qualitativ denen der von den radioaktiven Atomen ausgesandten gleich, überragen quantitativ weit die Intensität der stärksten Radiumpräparate. Durch Regulierung des Heizstromes kann die Intensität beliebig dosiert werden, so daß die Verwendung der künstlichen β-Strahlen in der Oberflächentherapie ermöglicht ist.

Die α- und β-Teilchen verhalten sich wie Geschosse. Ähnlich wie ein Geschütz, aus welchem ein Geschoß herausgeschleudert wird, erfährt der nach dem Herausfliegen des α- oder β-Teilchens zurückbleibende Atomrest, das neue Atom, einen Rückstoß in der entgegengesetzten Richtung des stoßenden Teilchens.

Die durch Rückstoß aus dem Molekularverband herausfliegenden Atomreste — die neuen Atome — verlieren durch Zusammenstoß mit vorhandenen Gasmolekülen Elektronen, erhalten dadurch eine positive Ladung und können infolgedessen auf einer negativ geladenen Metallfolie gesammelt werden. Im extremen Vakuum sind die Atomreste ursprünglich negativ, ein Beweis, daß die positive Aufladung erst nachträglich erfolgt. Auf einem Rückstoßvorgang beruht (wie bereits auf S. 20 erwähnt) die Möglichkeit, die kurzlebigen Zerfallsprodukte der Radiumemanation, die sogenannte induzierte Aktivität, auf ein negativ geladenes Gold- oder Platinblech aufzufangen. Das Entweichen von Polonium, welches die Verseuchung des Elektrometers bei Messungen von Poloniumpräparaten verursacht, beruht ebenfalls auf einem Rückstoßvorgang.

Dem Physiker C. T. R. WILSON ist es gelungen, die Bahnen der
α- und β-Strahlen durch Photographie der von ihnen erzeugten Nebelbläschen sichtbar zu machen, so daß die reale Existenz von Ionen außer
Frage steht. Sie können nicht mehr als Gedankendinge bezeichnet werden.

WILSON wendete eine aus der Meteorologie bekannte Erscheinung an:
Die Nebel- und Regenbildung, welche dadurch zustande kommt, daß die
wassergesättigte Luft sich bei Abkühlung der Staubteilchen und Ionen als
Kondensationszentren bedient.

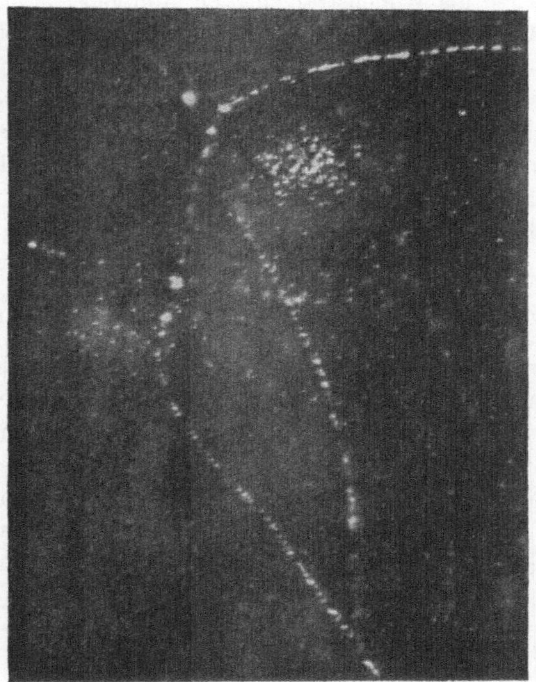

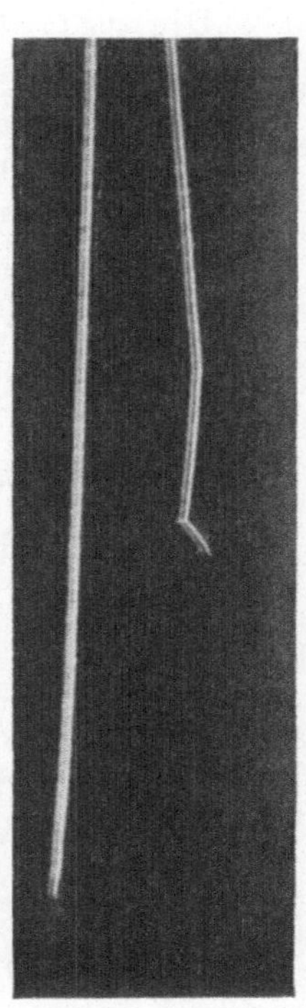

Abb. 7. Bahn der β-Strahlen
(Nach WILSON)

Abb. 8. Bahn der
α-Strahlen (Nach
WILSON)

In ein zylinderförmiges Gefäß (Expansions- oder Wolkenkammer
genannt), wurde mit Wasserdampf gesättigte Luft gebracht. Diese
Expansionskammer ist durch ein Ventil von einem zweiten, kugel-
förmigen Glasgefäß getrennt. Wird das Ventil geöffnet, so tritt durch die
Ausdehnung des Luftvolumens eine plötzliche Abkühlung und Kon-
densation des Wasserdampfes ein. WILSON brachte im Moment der
Expansion ein an der Spitze eines Drahtes fixiertes winziges Radiumsalz-
körnchen in die Kammer, wodurch der Wasserdampf sich der Ionen als
Kondensationszentren bediente. Es wurde nun eine Photographie

(Abb. 7 und 8) hergestellt. Auf dieser läßt sich sehr schön der geradlinige Verlauf der α-Teilchen als Zug feiner Wassertröpfchen verfolgen; sie erleiden allerdings, wenn sie einem Atomkerne des durchsetzten Mediums zu nahe kommen, eine Ablenkung. (Siehe Knie in Abb. 8.) Die Bahn der β-Strahlen ist gekrümmt. Die α-Strahlen haben eine große Masse, zertrümmern daher die Luftmoleküle und werden in ihrer Bahn nicht behindert; die β-Strahlen hingegen müssen sich ihren Weg erst zwischen den Luftmolekülen hindurch suchen und daher ist der Verlauf ihrer Bahn krummlinig.

Die γ-Strahlen wurden als Wellenstrahlen, den Röntgenstrahlen wesensgleich erkannt, sind daher masselos und ohne Ladung. Sie stellen eine reine Energieform dar und nicht etwa, wie die α- und β-Strahlenteilchen, Bruchstücke des Atomgebäudes. Am Zerfallsprozeß sind sie nicht unmittelbar beteiligt. Die γ-Strahlung des Radium stammt vorwiegend von Radium B und C und ist so wie die β-Strahlung wenn auch in geringerem Grade komplex. Die Radium C-γ-Strahlung ist härter als die Radium B-γ-Strahlung. Wie bei jeder Wellenstrahlung hängt die Härte der γ-Strahlen von der Wellenlänge ab. Aus der Beziehung der Frequenz ν (Schwingungszahl) zur Wellenlänge $\lambda = \dfrac{c}{\nu}$ ergibt sich, daß die Härte, also die Tiefenwirkung, um so intensiver, je kurzwelliger die Wellenlänge ist. Die Härte der γ-Strahlen übertrifft diejenige der gewöhnlich in Coolidgeröhren erzeugten Röntgenstrahlen. Selbst bei Anlegen einer Spannung von 300 Kilovolt wird erst eine Wellenlänge $4 \cdot 10^{-10}$ cm erreicht, während bei Radium C die Wellenlänge $2 \cdot 10^{-11}$ cm angetroffen wurde. Zur Erzeugung so harter Röntgenstrahlen wären etwa 6000 Kilovolt nötig, wie es sich aus der Planck-Einsteinschen Gleichung berechnet.

$$\text{Kilovolt} = \frac{12{,}34}{\text{Wellenlänge in Angströmeinheiten}}$$

$$(1 \text{ Angströmeinheit} = 10^{-8} \text{ cm})$$

$$10^{-11} \text{ cm} = 10^{-3} \text{ Angström} \quad KV = \frac{12{,}34}{2 \cdot 10^{-3}} = 6{,}17 \cdot 10^{3} \text{ Kilovolt.}$$

Die enorme Härte der γ-Strahlen hindert praktisch ihre Abschirmung durch Bleiplatten, wie es bei den Röntgenstrahlen möglich ist; während 12 bis 15 mm Blei die Röntgenstrahlen vollständig absorbieren (GLOCKER), wird selbst von 10 cm dicken Bleiplatten die γ-Strahlung nicht vollständig absorbiert, so daß ein Schutz des mit Radiumpräparaten hantierenden Personals durch Bleiwände nicht vollständig erreicht werden kann. Als Wellenstrahlen folgen die γ-Strahlen dem Gesetz der Entfernungsquadrate.

Der beste Strahlenschutz für das in Radiumheilanstalten beschäftigte Personal ist hinreichende Entfernung von den Radiumpräparaten, bzw. Vermeidung längeren Verweilens in der Nähe derselben.

Die γ-Strahlen üben als solche wegen ihres enormen Durchdringungsvermögens und daher sehr geringen Absorption im durchstrahlten Gewebe kaum Wirkungen aus, sondern erst die von den γ-Strahlen hervorgerufene sekundäre β-Strahlung. Denn nur Strahlen, welche absorbiert werden, können biologische und chemische Wirkungen hervorrufen.

Da die γ-Strahlen infolge ihrer hohen Härte Knochen sowie Weichteile fast gleichmäßig durchdringen, sind Radiumstrahlen für Diagnostikradiographie nicht geeignet.

Die Röntgenstrahlen entstehen durch Bremsung der Kathodenstrahlen an der ihren Lauf verstellenden Antikathode, indem die von ihnen mitgeführte Energie in Wärme- und Lichtenergie umgewandelt wird. Daß die Röntgenstrahlen Lichtstrahlen sind, wurde von LAUE erkannt, der auf die geniale Idee kam, das Raumgitter der Kristalle für den Durchgang der Röntgenstrahlen und die Erzeugung von Beugungsspektren dienstbar zu machen. Aus molekularen Berechnungen am Kochsalzkristall war bereits bekannt, daß der Abstand der Atome bzw. Ionen in diesem Kristall von der Größenordnung 10^{-8} cm ist und die Kristallgitter daher als Beugungsgitter für Lichtstrahlen von der Wellenlänge der Röntgenstrahlen 10^{-9} cm geeignet sind. LAUE konnte als erster beim Durchgang von Röntgenstrahlen durch Kochsalzkristalle Beugungsspektren photographisch fixieren und dadurch die Natur der Röntgenstrahlen als Lichtart, und gleichzeitig die Raumgitterstruktur der Kristalle nachweisen. In ähnlicher Weise hat RUTHERFORD das Spektrum der γ-Strahlen von Radium B und C erhalten und so den Beweis für die Wesensgleichheit der Röntgen- und γ-Strahlen erbracht.

Ebenso wie das Licht, die Schwerkraft, der Magnetismus nimmt die γ-Strahlungsintensität der radioaktiven Substanzen nach dem Gesetz der umgekehrten Quadrate mit der Entfernung von der strahlenden Substanz ab, ein Umstand, der beim Auflegen eines Radiumträgers vom Arzt bedacht werden muß. Bei Tiefenbestrahlungen, wo es sich nicht allein um die Entfernung des Radiumröhrchens von der Oberfläche (Schleimhaut), sondern auch von der tiefsten Stelle des Karzinoms, also um Entfernungen bis zu 10 cm und darüber handelt, ist die Abnahme der Strahlungsintensität durch den Einfluß des Quadratgesetzes bedeutender, als die durch Absorption im Gewebe verursachte.

Die Gesetze, nach welchen die Abnahme der Strahlung mit wachsender Schichtdicke des bestrahlten Mediums (Metall usw.) erfolgt, wollen wir an anderer Stelle kennen lernen (siehe S. 79). Was die Strahlung des Radium anbetrifft, so besitzt Radium allein, d. h. ohne Umwandlungsprodukte, sein Minimum an α-Strahlung und eine minimale sekundäre

β-Strahlung. Der Rest an α-, β- und γ-Strahlung wird erst von den Umwandlungsprodukten, von der Emanation, Radium A, B und C geliefert. Läßt man Radium oder eine Radiumlösung gasdicht verschlossen stehen, so ist das radioaktive Gleichgewicht mit seiner Emanation und deren kurzlebigen Zerfallsprodukten Radium A, B und C, C′ und C″ praktisch in vier Wochen erreicht, man sagt, das Radium ist emanationssatt.

Unter Radium versteht man im allgemeinen emanationssattes Radium im Gleichgewichte. Die Aktivität (Strahlung) setzt sich aus der des Radium und derjenigen seiner Zerfallsprodukte zusammen. Von diesen Elementen sind Emanation Radium A, Radium B, Radium C, C′, und C″ kurzlebig, Radium D mit der Halbwertszeit von 16 Jahren ist erst nach etwa 100 Jahren mit dem Radium im Gleichgewichte. Doch besitzt Radium D eine so schwache β-Strahlung, daß dieselbe praktisch vernachlässigt werden kann. Emanation, Radium A, Radium C‘, Radium F (Polonium) senden α-Strahlen, Radium B β- und γ-, Radium C α-, β- und γ-, Radium D und Radium E β-Strahlen aus. Die Strahlenabgabe bei diesen Umwandlungen ist in folgender Reihe ersichtlich:

$$\;\;\;\;\alpha\;\;\;\;\;\;\;\;\;\;\alpha\;\;\;\;\;\;\;\;\;\;\alpha\;\;\;\;\;\;\;\;\beta\;\gamma\;\;\;\;\;\;\;\;\alpha\;\beta\;\gamma$$

Radium — Emanation — Radium A — Radium B — Radium C

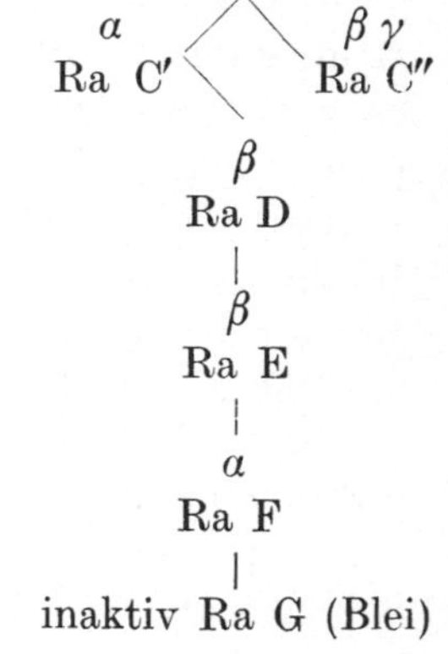

VIII. Die Theorie der Lichtentstehung nach Bohr

Um die Entstehung der Röntgen- und γ-Strahlen nach dem Stande der neueren Physik zu erklären, sind einige Kenntnisse aus der Quantentheorie vorauszusetzen.

Die von PLANCK anläßlich seiner Theorie der Wärmestrahlung entwickelte Quantentheorie sagt aus, daß Energie nicht stetig, sondern portionenweise, in bestimmten Beträgen (Quanten) ausgestrahlt oder absorbiert wird. Das ausgestrahlte oder absorbierte Energiequantum ist der Frequenz des Lichtes proportional. Der Proportionalitätsfaktor ist gegeben durch die PLANCKsche Konstante $h = 6,5 \cdot 10^{-27}$ Erg./sek. h ist eine Naturkonstante in der Dimension einer Wirkung (Energie mal Zeit).

Als Wellenlänge wurden ausgemessen Werte von $2 \cdot 10^{-11}$ cm der γ-Strahlen des Radium C bis über 30 km der drahtlosen Telegraphie. Nur Wellen in der Länge von 4 bis $8{,}10^{-5}$ cm werden beim Auftreffen auf unsere Netzhaut als Licht wahrgenommen.

Nach BOHR umlaufen die Elektronen den Atomkern in ausgewählten kreisförmigen oder elliptischen Bahnen. Die Energien der Bahnen sind durch die Ablösungsarbeit bestimmt, welche nötig ist, um das in einem bestimmten Quantenzustand befindliche Atom zu ionisieren, d. h. das in der Quantenbahn rotierende Elektron völlig vom Atomkern loszureißen. Die Energien der Bahnen stehen zueinander in ganzzahligen Beziehungen und sind durch ihre Quantenzahlen definiert. Im Atom gibt es ganz verschieden stark gebundene Elektronen, zunächst kommen die dem Kern am nahesten umlaufenden, daher am stärksten gebundenen K-Elektronen, dann die L- und M-Elektronen usw. und schließlich die äußersten, ganz lose gebundenen Valenzelektronen. Die Ablösungsarbeit, welche aufgewandt werden muß, um ein Elektron vom Atom loszureißen, ist um so größer, je näher dem Kerne die ursprüngliche Bahn des Elektron war und um so geringer, je entfernter vom Kerne die Bahn des abzulösenden Elektron, je höher die Quantenzahl seiner Bahn ist. Die Ablösungsarbeiten, welche den einzelnen Elektronenbahnen (Energieniveaus) entsprechen, verhalten sich z. B. bei Wasserstoff umgekehrt wie die Quadrate ihrer Quantenzahlen. Bezeichnet man die Ablösungsarbeit, welche nötig ist, um das in einer 1, 2, 3, m, n-Quantenbahn rotierende Elektron vom Atom loszulösen mit A_1, A_2, A_3, A_m, A_n, so ist $A_1 : A_2 : A_3 : A_m : A_n =$

$$\frac{1}{1^2} : \frac{1}{2^2} : \frac{1}{3^2} : \frac{1}{m^2} : \frac{1}{n^2}.$$

Wird das Elektron des angeregten Wasserstoffatoms von der m-Quantenbahn zur n-Bahn gehoben, so ist die Arbeit $A_m - A_n$ aufgewandt worden und die Arbeit $= A\left(\dfrac{1}{n^2} - \dfrac{1}{m^2}\right)$. Man nennt die Elektronenbahnen Quantenbahnen, weil ihre Energie durch Quantenzahlen definiert ist und die Halbachsen der Bahnellipsen in quantenhaften Beziehungen zueinander stehen.

Im Normalzustand, d. h. ohne Zufuhr einer Energie von außen, befindet sich das Atom in seinem energieärmsten Zustand, die Elektronen kreisen in ihren, dem Normalzustand zugeordneten kernnahesten Bahnen. Nimmt das Atom Energie auf, sei es in Form von Wärme, Lichtquanten, durch Zusammenstöße mit Elektronen, Atomen oder Molekülen, so ge-

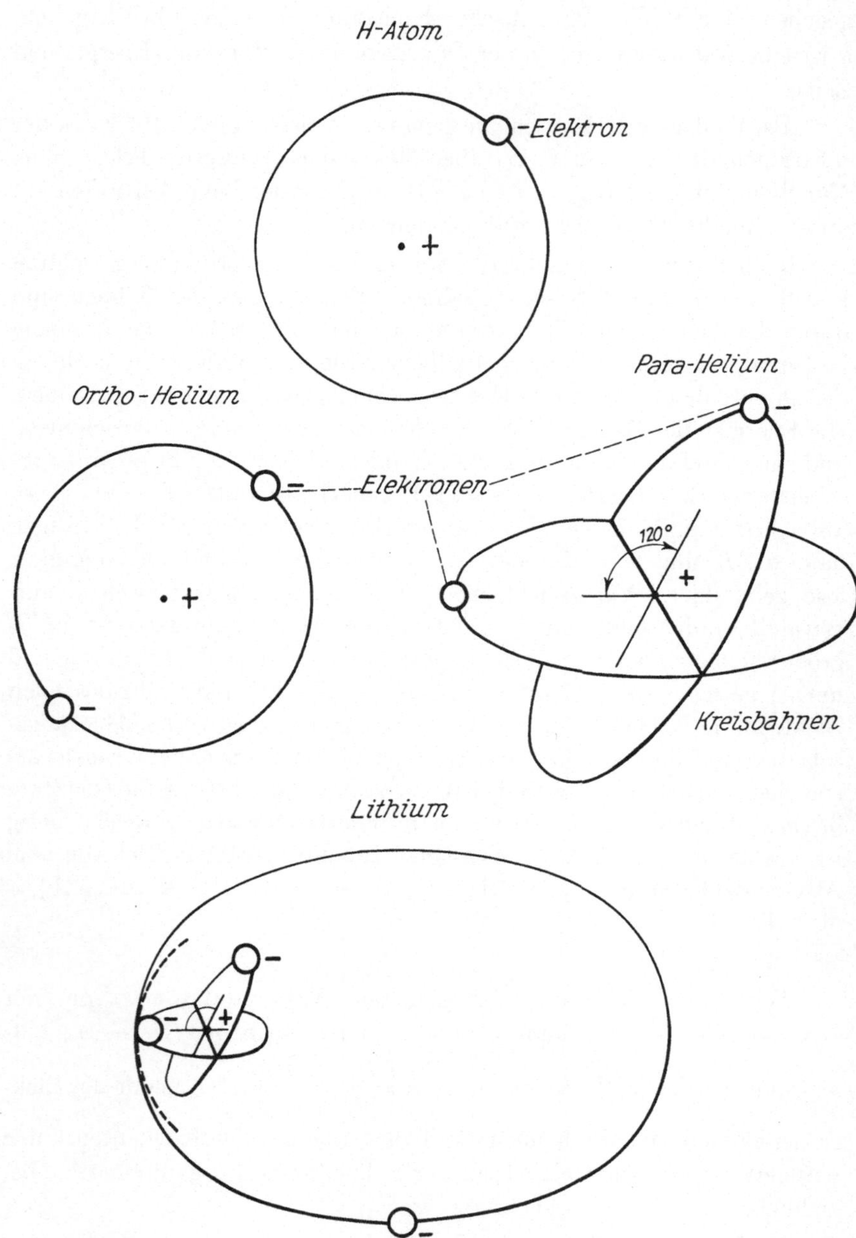

Abb. 9. Das Wasserstoff-, Helium- und Lithiumatom im Normalzustande
(Aus Kramers-Holst, Das Atom und die Bohr'sche Theorie seines Baues)

langt es in den angeregten Zustand. Der von außen zugeführte Energiebetrag $h\nu$ wird zur Hebung der Elektronen aus der Normalbahn in eine vom Kern entferntere, energiereichere Bahn aufgebraucht. Die Elektronen des angeregten Atoms verweilen nur winzige Zeitdauern in ihren Bahnen und springen von einer Bahn in eine andere Bahn über. Das angeregte Atom hat das Bestreben in seinen Normalzustand, den stabileren Zustand zurückzukehren. Befindet sich das Atom bereits im angeregten Zustand, so kann es durch Stoß oder Wärmezufuhr in einen stärker angeregten Zustand übergehen. Es finden deshalb nicht nur Übergänge von Elektronen aus dem Normalzustand oder angeregten Zustand in weiter außen

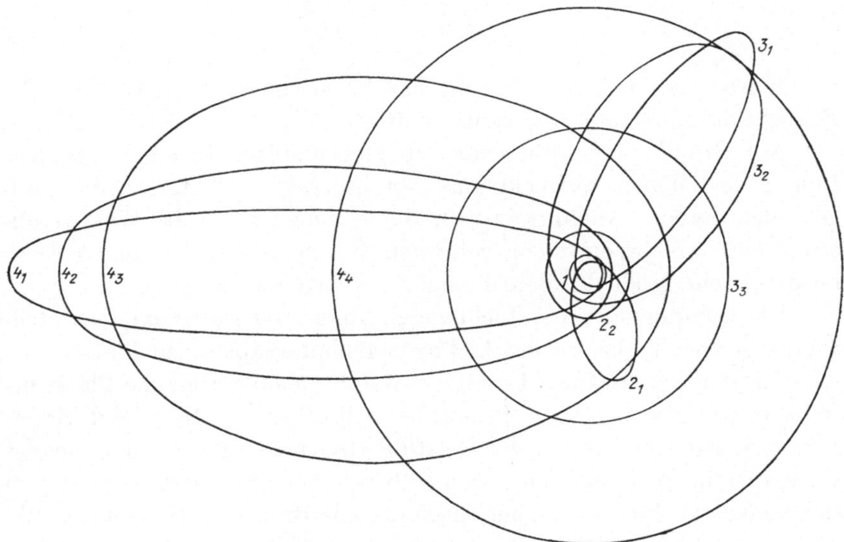

Abb. 10. Das Wasserstoffatom in angeregten Zuständen,
die Elektronenbahnen in stationären Zuständen
(Aus Bohr, Über den Bau der Atome)

gelegene Bahnen statt, sondern auch solche von äußeren Bahnen in dem Kerne nähere.

Nach Bohr geben die Elektronen keine Energie in Form von Lichtstrahlung an den umgebenden Raum ab, wenn das Atom sich in einem stationären Zustand befindet, d. h. die Elektronen in ihren Quantenbahnen rotieren. Erst beim Übergang des Elektron, bei einem Quantensprung aus einer äußeren Bahn in eine dem Kerne nähere, demnach energieärmere wird der freiwerdende Energiebetrag als Lichtquant $h\nu$ ausgestrahlt. Bezeichnet man mit E_1 und E_2 die Energie der beiden Quantenbahnen, zwischen welchen ein derartiger Übergang stattfindet, so gilt die Bohrsche Grundgleichung $E_1 - E_2 = h\nu$, welche die Frequenz des ausgesandten Lichtes bestimmt.

An der Entstehung der Röntgenstrahlen sind vorwiegend die am stärksten an den Kern gebundenen K- und L-Elektronen beteiligt. Wenn das Licht, d. h. die Linie der Frequenz v durch Zurückspringen eines Elektron aus einer n-Quantenbahn in eine m-Quantenbahn entstanden ist, so berechnet sich die Frequenz der Spektrallinie bei Wasserstoff:

$$h\,v = A\left(\frac{1}{m^2} - \frac{1}{n^2}\right)$$

und da A und h Konstante sind, ist

$$v = \frac{A}{h}\left(\frac{1}{m^2} - \frac{1}{n^2}\right).$$

A ist eine durch die Messung des Ionisierungspotentials für jedes Element bestimmbare Konstante, z. B. bei Wasserstoff 13,53 Volt.

Auf Grund quantentheoretischer Berechnungen konnten sämtliche Linien des Wasserstoffspektrums vorausgesagt und tatsächlich aufgefunden werden. Allerdings ist die Berechnung nur für das Wasserstoffatom, ein Zweikörpersystem, gelungen. Schon bei Helium, einem Dreikörpersystem, stößt die Berechnung auf große Schwierigkeiten.

Die Quantennatur der Lichtenergie findet auch eine experimentelle Stütze in dem Verhalten des Lichtes zur photographischen Platte.

Die primäre Wirkung des Lichtes auf die photographische Platte besteht in der Spaltung von Bromsilbermolekülen in Silber- und Bromatome, welch letztere von der Gelatine absorbiert und dadurch an der Wiedervereinigung mit den freien Silberatomen gehindert werden. Im Gegensatz zur alten Auffassung, nach der alle Bromsilbermoleküle gleichmäßig, wenn auch noch so verdünnte Lichtenergie aufnehmen müßten, haben neuere Untersuchungen ergeben, daß bei zu schwacher oder zu kurzer Belichtung die Lichtenergie sich nicht gleichmäßig auf alle Bromsilbermoleküle verteilt. Es wird eine gewisse Anzahl regellos verteilter Bromsilbermoleküle gespalten, weil die Lichtenergie nicht in beliebig kleinen Beträgen, sondern nur in Quanten $h\,v$ absorbiert werden kann. Wie schon erwähnt, hängt die Größe $h\,v$ von der Frequenz v des auffallenden Lichtes ab. Bereits bei grünem Lichte sind diese Energiequanten hinreichend groß, um die Spaltung eines Bromsilbermoleküls zu bewirken. Bei Belichtung mit Röntgen- oder γ-Licht ist die Energie rund zehntausendmal größer und hier findet man durch chemische Analyse, daß für jedes absorbierte Quant eine sehr große Zahl von Bromsilbermolekülen zertrümmert werden kann. Ein kleines Lichtquant genügt gerade, um ein Elektron aus der äußersten Bahn, ein Valenzelektron, abzulösen. Bei Röntgen- und γ-Licht ist das Quant so groß, daß auch in inneren Bahnen kreisende Elektronen abgerissen werden, welche durch Absorption in weiteren Atomen diese zu ionisieren befähigt sind.

Vom Atom aufgenommene Strahlungsenergie wird praktisch unmittelbar wiederum als Strahlung ausgesandt. In diesem Falle spricht man von Fluoreszenz. Hat das Atom die Energie $h\nu_0$, also die Linie der Frequenz ν_0 absorbiert, so kann das Elektron aus dem angeregten Zustand unmittelbar in den Normalzustand zurückkehren und die Frequenz des ausgesandten Lichtes wird ν_0 sein, d. h. das Fluoreszenzlicht hat dieselbe Wellenlänge wie das anregende Licht. Meist wird sich aber das Elektron erst über verschiedene Zwischenstufen in den Normalzustand zurückbegeben, dann ist $h\nu_0 > h\nu_e$ oder $\lambda_e > \lambda_0$. Hiedurch erklärt sich der STOCKESsche Satz, wonach das Fluoreszenzlicht im allgemeinen langwelliger als das anregende Licht ist. Der Fluoreszenz des sichtbaren Lichtes entspricht die Sekundärstrahlung beim Röntgen- und γ-Licht, wie wir dieselbe in den Metallfiltern der Radiumträger antreffen. Wenn die leuchtenden Atome in eine feste oder flüssige Grundsubstanz eingebettet sind, so kann die von ihnen absorbierte Strahlungsenergie mitunter erst nach längeren Zeitdauern (Minuten, Stunden, Tage) wiederum ausgestrahlt werden. Diese Erscheinung bezeichnet man als Phosphoreszenz. Wenn an einem solchen Körper sowohl Phosphoreszenz als Fluoreszenz auftritt, spricht man von Lumineszenz. Das STOCKES'sche Gesetz muß auch für die Lumineszenz gelten. Das Lumineszenzvermögen ist bei gewissen „Phosphoren" wie den Sulfiden der Erdkalimetalle und des Zinks besonders ausgeprägt. Die leuchtenden Atome bestehen in diesen Fällen aus Schwermetallatomen — Kupfer, Bismut usw. — welche mit dem Sulfid eine Art feste Lösung bilden. Die reinen Sulfide vermögen nicht zu lumineszieren. Beim Belichten erfolgt durch Stoßwirkung der Lichtquanten eine Abspaltung von Elektronen aus den Schwermetallatomen, die wegen der großen Verdünnung und der besonderen Beschaffenheit des festen Lösungsmittels nicht sofort in ihre Normalbahn zurückkehren. Beim Zurückspringen der Elektronen geben die Atome die aufgenommene Lichtenergie in Form von Lumineszenzstrahlung wieder ab.

Nach diesen Darlegungen der Quantentheorie wird die Entstehungsart der γ-Strahlen verständlich.

Da man früher γ-Strahlen nur bei β-Strahlern beobachtet hatte, war man der Auffassung, daß die γ-Strahlen stets durch Bremsung der Kernelektronen an Elektronen der äußeren Hülle entstehen, also in analoger Weise, wie die Röntgenstrahlen durch Bremsung von Elektronen an der Antikathode. Nachdem aber auch bei α-Strahlern, wie Radium, Radiothor ohne Umwandlungsprodukte, eine γ-Strahlung beobachtet worden war, mußte in diesen Fällen nach einer anderen Entstehungsart gesucht werden.

Alle drei Strahlenarten lösen beim Absorptionsakt Elektronen aus den Atomen des durchstrahlten Medium ab, verursachen demnach

Ionisation. Während die Absorption der Korpuskularstrahlen (α- und β-Strahlen) sich in zahllosen Ionisierungsakten auswirkt (so z. B. erzeugt ein α-Teilchen des Radium in der Luft 150.000 Ionenpaare), vermag ein Lichtquant primär nur ein einziges Ion zu erzeugen, also nur ein Elektron loszulösen. Das absorbierte Röntgen- oder γ-Energiequantum reicht meist über die Ablösungsarbeit A des Elektron hinaus, so daß das absorbierende (abgelöste) Elektron soviel Bewegungsenergie erhält, um als sekundärer β-Strahl weiter zu fliegen. In den Metallfiltern der Radiumträger hat man es mit einer solchen, durch die γ-Strahlung ausgelösten, sekundären β-Strahlung zu tun, welche, da dieselbe infolge ihrer Weichheit die Haut reizt, durch Absorption in Kork, Zelluloid, Hartgummi, Wachsmasse usw. ausgeschaltet wird.

Sowie, gemäß der Gleichung $h_\nu = A + \dfrac{m\,v^2}{2}$ Strahlungsenergie in Bewegungsenergie von Elektronen umgesetzt wird, kann eben umgekehrt Bewegungsenergie von Elektronen, welche auf Atome stoßen und dadurch gebremst (negativ beschleunigt) werden, in Strahlungsenergie übergehen.

Wenn ein α- oder β-Teilchen aus dem Atomkern herausfliegt, so ist der Rest des Kernes zunächst nicht in einem existenzfähigen Zustande, die übrigen Kernteilchen (Heliumkerne und Elektronen) müssen sich erst umordnen. Diese Umstellung kann ohne Bahnübergänge von Elektronen erfolgen, dann haben wir eine α- oder β-Umwandlung ohne γ-Strahlenaussendung und ohne sekundäre β-Strahlung, wie dies bei den α-Strahlern Ionium, Polonium, dem β-Strahler Radium E der Fall ist. Es können aber mit der Umstellung im Kern nach der Ausschleuderung eines α- oder β-Teilchens Quantenübergänge verbunden sein, die eine Aussendung von Licht zur Folge haben. Radium, Radiothor usw., ohne Umwandlungsprodukte, senden nicht nur α- und β-Strahlen, sondern auch γ-Strahlen aus, obwohl nur das der α-Strahlung entsprechende Umwandlungsprodukt vorhanden ist, somit der α-Strahl allein aus dem Kerne stammt, während der β-Strahl ein aus der äußeren Elektronenhülle herausgeworfenes Elektron ist. Es handelt sich demnach um eine sekundäre β-Strahlung.

Thorium B sendet eine Kern-(primäre) und eine sekundäre β-Strahlung sowie zwei γ-Strahlungen verschiedener Entstehungsart aus. Der β-Zerfall von Thorium B ist durch Abgabe eines bestimmten Energiequantums charakterisiert. Geht der Zerfall so vor sich, daß das Kernelektron unbehindert das Atom durchquert, so haben wir eine primäre β-Strahlung; wird das Kernelektron jedoch von einem Elektron der äußeren Hülle aufgehalten, so kommt es zu einer Bremsstrahlung. Ein der absorbierten Strahlenenergie gleicher Energiebetrag wird nach der Bohrschen Grundgleichung (siehe Quantentheorie) als γ-Lichtstrahlung ausgesandt und der Endzustand dieses Prozesses führt zu Thorium C.

Es wurde ferner festgestellt, daß die Energie der beim Zerfall von

Thorium B auftretenden β-Strahlung gleich ist dem Quantum $h\,\nu$ einer gleichzeitig auftretenden γ-Strahlung. Die Energie dieser auch bei Radium ohne Umwandlungsprodukte, Radium B und C, Thorium B, auftretenden sekundären β-Strahlung stammt von einer γ-Strahlung, welche vom zerfallenden Atomkern ausgesandt und von einem Elektron der Elektronenhülle absorbiert wird. Es gelang nämlich durch Ausmessungen der Ablenkung im Magnetfeld das sekundäre β-Strahlenspektrum von Thorium B photographisch festzuhalten und das Energiequantum $h_\nu = E_\beta$ zu bestimmen, welches sich als dem absorbierten γ-Strahlenenergiequantum $E\gamma$ gleich erwies. Man kann nach Kenntnis des Energiebetrages $E_\beta = E_\gamma$ die Wellenlänge des zugeordneten γ-Strahles berechnen: $\lambda = \dfrac{h\,.\,c}{E_\gamma}$.

Durch diesen Befund ist erwiesen, daß diese γ-Strahlung einem Quantenübergang zuzuschreiben ist, demnach im Atomkern Energieniveaus vorhanden sind, deren Aufbau Quantengesetzen unterworfen ist (LISE MEITNER, SMEKAL).

Die γ-Strahlung erleidet eine Richtungsänderung, ruft demnach, analog wie die Röntgenstrahlung, außer einer sekundären β-Strahlung auch eine Streu-γ-Strahlung im durchstrahlten Medium hervor. Nach KOMPTON (WENTZEL) muß die Impulsänderung, die das Lichtquant bei der Streuung (Richtungsänderung) erleidet, durch einen Rückstoß auf das streuende Elektron kompensiert werden. Bei diesem Stoß geht Energie verloren, was sich in einer Erniedrigung der Frequenz, also in einer Vergrößerung der Wellenlänge äußert. Ein Lichtquant von der Energie $h\nu_0$ trifft auf ein bis dahin ruhendes Elektron, wird von diesem in dem Winkel α abgelenkt und erteilt damit zugleich dem Elektron einen Stoß in einer Richtung, welche mit dem Primärstrahl den Winkel β bildet. Die dem Elektron erteilte Geschwindigkeit sei v und das sekundäre Lichtquant habe die Energie $h\nu$. Das primäre Lichtquant $h\nu_0$ eht durch Abgabe von Energie an ein Elektron in ein kleineres Lichtquant $h\nu$ iber, da ν sich zu ν_0 verringert hat.

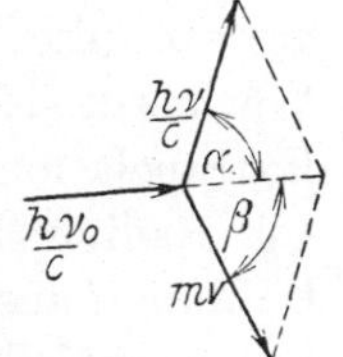

Abb. 11.
Komptop-
effckt

IX. Radium als Energiequelle

Radium sowie die übrigen radioaktiven Atome geben fortwährend Energie in Form von Strahlen nach außen ab. Radium ist stets wärmer als seine Umgebung. Woher stammt diese Energie? Die Wärmeentwicklung ist durch die Bremsung zu erklären, welche die Strahlen im Präparat selbst erleiden. Die aus dem Kern des einen Atoms ausgeschleuderten α- und β-Strahlenteilchen stoßen mit benachbarten Atomen und Elektronen zusammen, es entsteht Wärme und γ-Strahlenlicht. Kommt die Stoßenergie den Atomen (Molekülen) als Ganzes zugute, so tritt die Energieumwandlung als Wärme in Erscheinung, während die Stoßwirkung auf Elektronen sich als γ-Strahlung auslöst.

Die stetige Abgabe von Energie steht scheinbar in Widerspruch zu dem Gesetz der Erhaltung der Energie. Radium ist nicht nur eine stetige Wärme-, sondern auch Elektrizitätsquelle, ein Akkumulator, eine Röntgenröhre, die keiner Ladung bedarf. Da Radium in Form seiner β-Strahlen negative Elektrizität abgibt, ladet es sich, wenn isoliert, positiv, die Glaswand außen durch die β-Strahlung negativ auf. Infolge der Aufladung sind wiederholt Zersprengungen von radiumsalzhältigen Glasröhrchen unter Funkenbildung beobachtet worden. Deshalb sollen stärkere Radiumpräparate in Gläschen mit eingeschmolzenem, in das Radiumsalz hineinragendem Platindraht aufbewahrt werden, um die Ladung abzuleiten.

Die quantitative Bestimmung der Wärmeentwicklung setzt voraus, daß die von einem radioaktiven Element ausgehenden Strahlen vollständig absorbiert werden. Das trifft für α- und β-Strahlen zu, nicht für die γ-Strahlen, da es bei dem Versuche unmöglich ist, das Radiumpräparat mit einer so dicken Umhüllung zu umgeben, daß alle γ-Strahlen absorbiert werden. Die gesamte, in Form von Wärme abgegebene Energie zu messen, gestattet die Methode nicht direkt, sondern nur dadurch, daß die gesamte Wärmeentwicklung der γ-Strahlung aus dem beobachteten Wert durch Extrapolation berechnet wird. Die Gesamtwärmeproduktion aller von 1 g Radiumelement samt seinen Zerfallsprodukten bis einschließlich Radium C ausgehenden α-, β- und γ-Strahlen beträgt 137 cal pro Stunde. Davon entfallen auf die β-Strahlung 4,7 cal, auf die γ-Strahlung 6,4 cal. Geht man von der Wärmemenge als Maß der ausgestrahlten Energie aus, so kommen 92 % auf Rechnung der α-Strahlung des Radium im Gleichgewichte, 3,4 % sind der β-Strahlung, 4,6 % der γ-Strahlung zuzuschreiben.

Man hat berechnet, daß in der Grammasse der ungeheure Energieinhalt von 23 Billionen Grammkalorien, bzw. rund 1 Milliarde Pferdekräfte aufgespeichert ist. Diesen Wert erhält man durch folgende Rechnung:

$$E = \frac{m\,c^2}{\sqrt{1 - \dfrac{v^2}{c^2}}} \qquad E = m\,c^2 = 9 \cdot 10^{20} \text{ Erg/sek} = 2{,}3 \cdot 10^{12} \text{ cal} = 1{,}2 \cdot 10^9 \text{ PS.}$$

Da die Erdgeschwindigkeit $v =$ rund 20 km verschwindend klein ist gegenüber der Lichtgeschwindigkeit c, wird der Wert des Nenners fast 1.

Würde Radium momentan zerfallen, so gebe es eine ungeheure Explosion, da sich aber der Zerfall auf 16.000 Jahre erstreckt, erfolgt der

Prozeß in Form von winzigen Explosionen. In 16.000 Jahren sind 2,26 g Radiumelement in 2,06 g Blei übergegangen, 0,2 g sind durch Umwandlung der α-Strahlenteilchen als Heliumgas entwichen.

X. Die Herstellung von Emanationslösungen

Radium findet sich nicht nur in Uranmineralien, in welchen es in relativ hoher Konzentration 1 g Uranelement: $3,3 \cdot 10^{-7}$ g Radiumelement vorhanden ist. Radium, und daher seine Emanation sind auch in den Urgesteinen, allerdings in ungeheurer Verdünnung enthalten.

Der Radiumgehalt schwankt von $2 \cdot 10^{-12}$ bis $8 \cdot 10^{-12}$ g in 1 g Gestein. Die Gestehungskosten aus so enormen Mengen Silikat, wie z. B. aus Granit, welcher vorerst in gepulvertem Zustande durch Schmelzen mit Sodapottasche aufgeschlossen werden müßte, wären so große, daß die Gewinnung von Radium aus Urgestein einer Utopie gleichkommt.

Quellwässer, welche über Urgestein fließen, enthalten demnach Emanationsgas. Die Heilwirkung. radioaktiver Wässer, wie z. B. der Gasteiner Quellen, wird zum Teil auf deren Emanationsgehalt zurückgeführt. Gasteiner Wasser enthält 150 Mache Einheiten, so daß ein Vollbad mit 200 Liter 31.000 Mache Einheiten aufweist, welche Dosis mit „einfach Gastein" bezeichnet wird. Trink-, Bade- und Inhalationskuren werden auch außerhalb Gastein mit Erfolg, insbesonders gegen die verschiedenen Formen der arthritis verwendet. Man stellt Emanationswässer aus einer Radiumlösung her. Diese künstlichen Emanationswässer können in jeder beliebigen Stärke hergestellt werden und überragen weit die Radioaktivität natürlicher Quellen. Man braucht nur genügend Radiumsalz hinreichend lange Zeit zur Ansammlung der Emanation verschlossen zu halten und letztere dann in Wasser einzuleiten.

Die Radiumemanation ist ein schweres Gas, 1 cm³ wiegt bei 0^0 und 760 mm Barometerstand 9,95 mg (1 cm³ Wasserstoffgas wiegt 0,0896 mg). Die Emanation wird unter normalem Druck bei — 71^0 C. fest, so daß die Trennung vom Helium durch fraktionierte Destillation möglich ist. Die Löslichkeit der Emanation in Wasser oder anderen Flüssigkeiten ist bestimmt durch den Verteilungskoeffizienten α. Derselbe beträgt zwischen Luft und Wasser bei 20^0 0,25, zwischen Luft und organischer Flüssigkeit, wie Petroleum, Toluol, Paraffinol, Olivenöl, Vaselin 10 bis 17. Man kann infolge dieses günstigen Verteilungskoeffizienten hohe Emanationsdosen in Fettmassen einbringen und so Salben herstellen, welche bei gewissen Hautkrankheiten verwendet werden (STRASSBURGER). In dem Luftraum einer mit wässeriger Emanationslösung nicht vollgefüllten Flasche ist viermal so viel Emanation als im gleichen Raumteil Wasser. Befinden sich z. B. in einer Literflasche 800 cm³ Wasser und 200 cm³ Luft, so verhalten sich die in Luft und in Wasser befindlichen Emanationsmengen wie 800 . 0,25 = 200 : 200, d. h. in 800 cm³ Wasser ist genau die Hälfte der gesamten Emanationsmenge enthalten. Bei Kohlenwasserstoffen ist die Verteilung günstiger, ein Volumen Toluol bzw. Petroleum enthält 13- bzw. 17 mal so viel Emanation als das gleiche Volumen Luft. Wässerige Emanationslösungen müssen daher in möglichst vollgefüllten Flaschen aufbewahrt werden; es ist unzulässig, eine Emanationslösung in Portionen vom Patienten verwenden zu lassen. Man kann diesen Fehler dadurch vermeiden, daß man die Emanationsdosis in mehrere kleinere vollgefüllte Fläschchen abteilt.

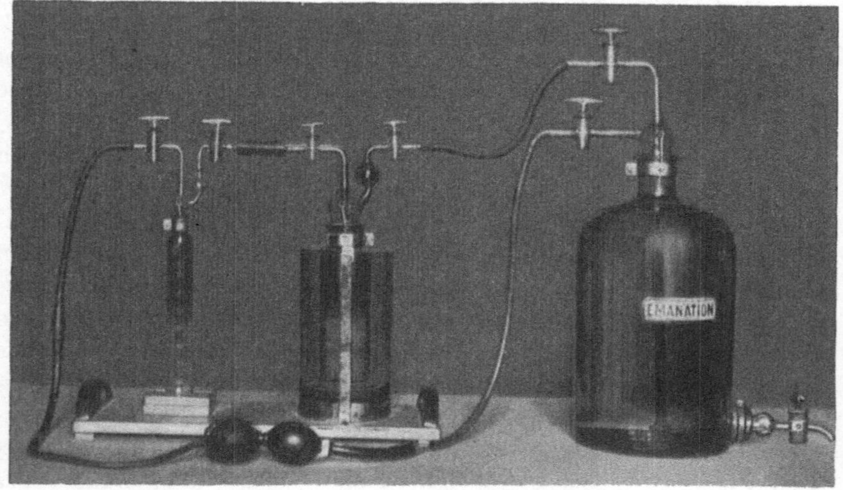

Abb. 12. Apparat zur Gewinnung der Emanation aus einer Radiumlösung nach der Zirkulationsmethode

Festes Radiumsalz, insbesondere Radiumsulfat, hält die Emanation größtenteils eingeschlossen (okkludiert) und gibt dieselbe erst beim Glühen vollständig ab. Die Anwesenheit von Barium- oder Radiumsulfat in einer wässerigen Radiumchloridlösung behindert daher die Emanationsabgabe, da ein Teil der Emanation vom Radiumbariumsulfat okkludiert wird. Aus einer wässerigen Radiumlösung kann man durch Auskochen, Ausquirlen mittels Gummidoppelgebläse oder Absaugen mittels Luftpumpe die Emanation abtrennen und zur Aktivierung von Wasser und Medikamenten verwenden.

In unserer Anstalt wird die Emanation nach der Zirkulationsmethode (Abb. 12) aus der Radiumchloridlösung in das zu aktivierende Wasser übergeführt. Die Radiumlösung, welche Radiumbariumchlorid in zirka 5%iger Salzsäure gelöst enthält, befindet sich in einer Gaswaschflasche A, und die innerhalb 24 Stunden von der Radiumlösung produzierte Emanationsmenge, welche sich größtenteils in dem Luftraum der Flasche angesammelt hat, wird in die fünf Liter Wasser enthaltende Flasche B mittels eines Gummidoppelgebläses C getrieben. Um die Bildung von Sulfat durch Rauchgase aus der Zimmerluft auszuschließen, ist der Radiumlösung eine kleine Gaswaschflasche mit Chlorbariumlösung D vorgeschaltet. Bedingung für die klaglose Emanationsgewinnung ist peinlichstes Reinhalten der Radiumlösung, da außer unlöslichen Sulfaten auch Ruß und Staub Emanationsgas okkludieren. Man treibt die Luft durch entsprechendes Drücken des Gummiballens im geschlossenen Kreisstrom eine Viertelstunde durch das System. Das Gummigebläse wird entweder mit der Hand oder motorisch betrieben. Bei dieser Art der Emanationsgewinnung bleibt allerdings ein erhebliches Quantum für die Aktivierung des Wassers unausgenützt im Luftraum des Systems zurück.

Ist der Radiumgehalt der Lösung bekannt, so kann, Gasdichte des Systems vorausgesetzt, unter Berücksichtigung der im Luftraum zurückbleibenden Emanationsmenge der Emanationsgehalt des aktivierten Wassers aus dem gelösten Radiumquatum berechnet werden. Tägliche Kontrollmessung empfiehlt sich, weil das durch die Strahlung der Emanation erzeugte Ozon das Gummimaterial brüchig und daher undicht machen kann.

Die genaue Berechnung der Emanationsverteilung zwischen Luft und Wasser erfolgt nach folgender Formel, in welcher

α den Verteilungskoeffizienten bei Zimmertemperatur (20^0 C),

x das Emanationsquantum im Wasser,

y das Emanationsquantum in der Luft bedeuten.

Beispiel: Bekannt ist $x + y = 100.000$ Macheeinheiten. Luftvolumen 200 cm³, Wasservolumen 800 cm³.

$$\alpha = 0{,}25 = \frac{x \cdot 200}{y \cdot 800}$$

$$x = y = 50.000 \text{ M. E.}$$

Der Verteilungskoeffizient beträgt:

Bei t in ^{0} C	α
0	0,51
10	0,35
20	0,25
30	0,20
50	0,14
90	0,10
100	0,10

Abb. 13. Apparat zur Gewinnung der Emanation aus einer Radiumlösung mittels des Vakuumverfahrens

Beim Vakuumverfahren (Abb. 13) ist nahezu die gesamte Emanationsproduktion für die Aktivierung ausnutzbar. Die Radiumlösung A wird mit einer evakuierten Flasche B, auf welcher zur Kontrolle des Vakuums ein Quecksilbermanometer aufgeschliffen ist, verbunden, so daß die emanationshältige Luft aus der Radiumlösung in die evakuierte Flasche B hineingesaugt wird. Nach Entfernung der Radiumlösung verbindet man die Flasche mit einer zweiten mit Wasser gefüllten Flasche, wodurch das Wasser in die emanationsgashältige Flasche B hinüberströmt.

XI. Die Gesetze beim radioaktiven Zerfallsprozeß

Mit den Gesetzen des Zerfalles und der Wiederbildung der Emanation aus dem Radium wollen wir uns wegen der großen Verbreitung der Emanationstherapie eingehender beschäftigen und an dieser Stelle die mathematischen Formeln des Zerfalles, soweit dieselben zum gründlichen Verständnis nötig sind, ableiten.

Hält man eine emanationsfreie Radiumlösung oder emanationsfreies Radiumsalz gasdicht verschlossen, so nimmt die Emanationsmenge anfangs rasch zu, erreicht in 3,85 Tagen 50% der Gleichgewichtsmenge (des Maximums), nach zweimal 3,85 Tagen 75 % derselben, hierauf nimmt die Emanation nur langsam zu und nach vier Wochen findet keine Zunahme mehr statt, weil das Gleichgewicht des Radium mit seiner Emanation eingetreten ist.

Da stets nur ein Bruchteil ($^1/_{133}$ pro Stunde) der jeweilig vorhandenen Emanationsatome zerfällt, ist zu Anfang, wo sich nur wenig Emanation aus dem Radium wiedergebildet hat, der zerfallende Bruchteil klein: sobald jedoch das angesammelte Emanationsquantum so groß ist, daß der Bruchteil, der pro Zeiteinheit zerfällt, gleich ist der aus dem Radium in derselben Zeit produzierten Emanationsmenge, dann kann die Emanation nicht mehr zunehmen, es ist zum Gleichgewichtszustande gekommen.

Wir haben den Fall besprochen, wo die Emanation beim Radium verbleibt. Wie verhält es sich mit dem Zerfall der vom Radium abgetrennten Emanation? Diesbezüglich zitieren wir RUTHERFORDS klar verständliche Worte: „Wird einem Quantum Radium im Gleichgewichte die Emanation entzogen und diese sowie das Radium gasdicht verschlossen gehalten, so findet der Anstieg der Emanation aus dem Radium und das Abklingen der vom Radium abgeschiedenen Emanation mit zunehmender Zeit in der Weise statt, daß die Summe der beiden Emanationsmengen konstant, und zwar gleich ist dem Emanationsquantum im Gleichgewicht.“ (Siehe Tabelle 1 und 2).

Wir wollen das Zustandekommen des Gleichgewichtszustandes durch eine konkrete, zahlenmäßige Darlegung begreiflicher machen.

Wir gehen von dem Radiumquantum $5,2 \cdot 10^{-9}$ mg, von $1,4 \cdot 10^{10}$ Radiumatomen aus; diese sind nämlich mit 100.000 Emanationsatomen im Gleichgewicht, d. h. diese Anzahl Emanationsatome hat sich in vier Wochen im geschlossenen Gefäße angesammelt. Die Gleichgewichtsmengen verhalten sich proportional den Halbwertszeiten; 1 g Radiumelement ist mit 0,007 mg Emanation im Gleichgewicht:

$$1,58 \cdot 10^3 : 0,011 = 1000 \text{ mg} : x$$
$$x = 0,007 \text{ mg.}$$

Da das Grammolekül Radium ($= 226$ g) nach LOSCHSCHMIDT-AVOGRADO $6,07 \cdot 10^{23}$ Moleküle enthält, so ergibt sich, daß in 1 g Radiumelement $\dfrac{6,07 \cdot 10^{23}}{226}$ Atome enthalten sind. Die Moleküle des Radium sind einatomig.

$$1,58 \cdot 10^3 : 1,1 \cdot 10^{-2} = x : 10^5$$
$$x = 1,4 \cdot 10^{10} \text{ Radiumatome}$$
$$2,7 \cdot 10^{21} : 1 \text{ g} = 1,4 \cdot 10^{10} : x$$
$$x = 5,2 \cdot 10^{-12} \text{ g} = 5,2 \cdot 10^{-9} \text{ mg}$$

Es verlaufen zwei Prozesse nebeneinander: Es zerfällt ein konstanter Bruchteil der jeweilig vorhandenen Emanationsatome, anderseits findet eine stetige Nacherzeugung durch das Vaterelement statt. $1,4 \cdot 10^{10}$ Radiumatome erzeugen pro Stunde 750 Emanationsatome. Von den entstandenen Emanationsatomen zerfällt pro Stunde der konstante Bruchteil von $^1/_{133}$. (Siehe Tabelle.)

Tabelle 1. Anstieg der Emanation aus dem Radium

	Anfangs vorhandene Emanationsatome	Zerfallen in der Stunde	Rest	Wiedergebildet in der Stunde	Am Ende angesammelt
1. Stunde ..	0	0	0	750	750
2. „ ..	750	6	744	750	1.494
3. „ ..	1.494	11	1.483	750	2.233
700. „ ..	100.000	750	99.250	750	100.000

Tabelle 2. Zerfall der vom Radium abgetrennten Emanation

	Anfangs vorhandene Emanationsatome	Zerfallen in der Stunde	Rest am Ende	Seit Anfang zerfallen
1. Stunde	100.000	750	99.250	750
2. „	99.250	744	98.506	1.494
3. „	98.506	739	97.767	2.233
700. „	0	0	0	100.000

Wir sehen, wie Wiederbildung und Zerfall sich das Gleichgewicht halten. Die Summe der von Radium nacherzeugten und der von der abgetrennten Emanation noch vorhandenen Atome ist konstant, und zwar stets 100.000 Emanationsatome — die Gleichgewichtsmenge. Unmittelbar nach der Abtrennung der Emanation vom Radium, d. h. zu Anfang der ersten Stunde, sind 100.000 Emanationsatome vorhanden, zu Anfang der zweiten Stunde 750 in der Radiumlösung nacherzeugt und 750 Emanationsatome zerfallen. Es sind daher zu Anfang der zweiten Stunde 750 + 99.250 = 100.000 Emanationsatome und zu Anfang der dritten Stunde 1494 + 98.506 = 100.000 Emanationsatome vorhanden usw.

Bezeichnet man mit N_1, N_2, N_3 usw. die Anzahl der in Gleichgewicht vorhandenen Atome der verschiedenen Glieder einer Zerfallsreihe, die Umwandlungskonstanten mit λ_1, λ_2, λ_3 usw., so ist im Gleichgewichtszustande $\lambda_1 N_1 = \lambda_2 N_2 = \lambda_3 N_3$ usw., oder $\lambda_1 : \lambda_2 = N_2 : N_1$.

Im Gleichgewichte zerfallen von jedem Gliede der Zerfallsreihe, in unserem Falle von Radium und seiner Emanation, gleichviel Atome. (Siehe S. 18.) Es wandeln sich 750 Radiumatome in Emanationsatome um, und anderseits zerfallen 750 Emanationsatome in der Stunde. Streng genommen handelt es sich um ein laufendes Gleichgewicht, doch kann man wegen der relativen Langlebigkeit des Radium gegenüber der Emanation für obige Rechnung ein dauerndes Gleichgewicht annehmen.

Wird das ursprünglich vorhandene Emanationsquantum (Anfangswert = 1) angenommen, so sind nach 3,85 Tagen $\quad \frac{1}{2} = 50\ \%$

nach 2mal 3,85 Tagen $\quad \frac{1}{2^2} = 25\ \%$

nach 3mal 3,85 Tagen $\quad \frac{1}{2^3} = 12,5\ \%$

nach 10mal 3,85 Tagen $\quad \frac{1}{2^{10}} = 0,1\ \%$

nach 20mal 3,85 Tagen $\quad \frac{1}{2^{20}} = \frac{1}{\text{Millionstel}}$ vorhanden.

Die Abnahme ist demnach eine exponentielle. Nimmt die Zeit in arithmetischer Progression zu, so nimmt die Menge an radioaktiver Substanz in geometrischer Progression ab.

Anderseits bilden sich aus einem beliebigen, von seiner Emanation befreiten Radiumquantum

in 3,85 Tagen $\quad 1 - \frac{1}{2} = \frac{1}{2} = 50\%$

in 2mal 3,85 Tagen $\quad 1 - \frac{1}{2^2} = \frac{3}{4} = 75\%$

in 3mal 3,85 Tagen $\quad 1 - \frac{1}{2^3} = 87,5\%$

in 10mal 3,85 Tagen $1 - \frac{1}{2^{10}} = 99,9\%$

der Gleichgewichtsmenge wieder. Werden die Zeiten auf der Abszisse, die Emanationsmengen, bzw. die Stromwerte derselben auf der Ordinate aufgetragen, so erhält man zwei komplementäre Kurven (siehe Abb. 2).

Die Exponentialgleichung des radioaktiven Zerfalles

Der radioaktive Zerfall findet in der logarithmisch zu lösenden Exponentialgleichung seinen mathematischen Ausdruck: $J_t = J_0\,e^{-\lambda t}$, in welcher J_0 die ursprünglich vorhandene Menge Radioelement, J_t die nach der Zeit t noch vorhandene Menge, λ die Umwandlungskonstante, e die Basis der natürlichen Logarithmen (2,7182) bedeutet.

Da Wiederbildung und Zerfall sich die Wage halten, so wird die Emanation aus einem beliebigen Radiumquantum nach folgender Gleichung wiedergebildet, in welcher $J_\infty = 1$ die Gleichgewichtsmenge zu dem vorhandenen Radiumquantum bedeutet:

$$J_t = J_\infty - J_\infty e^{-\lambda t} = J_\infty (1 - e^{\lambda t}).$$

Der Wert für λ wird aus dem durch Messung erhaltenen Werte für Jt, also statistisch, ermittelt.

Durch Subtraktion der nach der Zeit t vorhandenen Emanationsmenge von 1 erhält man die in der Zeit t aus Radium wiedergebildete Emanationsmenge, wobei die Gleichgewichtsmenge $= 1$ gesetzt wird.

Diese Berechnung sei an einem Beispiel erläutert:

Nach 24 Stunden ist von einem beliebigen Emanationsquantum 83,5% vorhanden, demnach 16,5% zerfallen, und ebenso bilden sich $100 - 83,5 = 16,5\%$ der Gleichgewichtsmenge irgend eines beliebigen Radiumquantums wieder.

Die von manchen Autoren gegebene Definition der Umwandlungskonstante als Bruchteil der jeweilig vorhandenen radioaktiven Atome, welcher in der gewählten Zeiteinheit zerfällt, ist nur dann gültig, wenn die mittlere Lebensdauer des radioaktiven Atoms größer ist als die gewählte Zeiteinheit. Ist die mittlere Lebensdauer z. B. kleiner als eine Sekunde, so trifft obige Definition nicht zu, wie z. B. bei Thorium A, einem Umwandlungsprodukte des Mesothor. Die Umwandlungskonstante von Thorium A ist 4,95, stellt demnach in solchen Fällen keinen Bruchteil dar.

λ ist keine reine Zahlengröße, sondern eine Dimensionsgröße, deren Zahlengröße von der gewählten Zeiteinheit abhängt, wie z. B. die Gravitationskonstante g von der gewählten Längeneinheit. Man definiert daher λ einwandfreier als reziproken Wert der mittleren Lebensdauer des betreffenden Radioelementes. Bei Thorium A berechnet sich demnach λ aus der mittleren Lebensdauer 0,22 sek mit

$$\frac{1}{0,22} = 4,95.$$

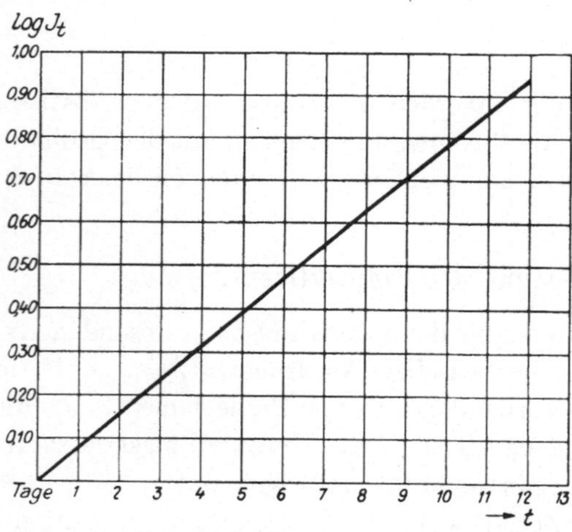

Abb. 14. Logarithmengerade des Anstieges der Radiumemanation

Bei der graphischen Darstellung der radioaktiven Mengen als Funktion der Zeit, entsprechend der Exponentialgleichung $J_t = J_0 \cdot e^{-\lambda t}$ erhält man eine gekrümmte Kurve, wenn man die Größe J_t als Funktion der Zeit aufträgt. Siehe Abb. 2. Zeichnet man nicht die direkten Werte J_t sondern die Logarithmen von J_t ein, so erhält man eine Gerade, ein Beweis dafür, daß die Abnahme an radioaktiver Substanz zeitlich einer Exponentialgleichung folgt. Das Exponentialgesetz ist rein experimentell ermittelt und bringt wohl den Endeffekt zum Ausdruck; über die komplizierten Vorgänge, welche den exponentiellen Verlauf der radioaktiven Umwandlung vortäuschen, haben wir keine Kenntnis.

Um die Umwandlungskonstante λ zu berechnen, wird obige Exponentialgleichung logarithmiert und nach λ aufgelöst.

$$\log J_t = \log Jo - \lambda t \log e \qquad \log Jo - \log J_t = \lambda t \log e$$

$$\log Jo \text{ und } \log e \text{ sind Konstante:}$$

$$\log J_0 = K_1 \qquad \lambda \log e = K_2$$

$$\log J_t = K_1 - tK_2 = -tK_2 + K_1.$$

K_1 und K_2 fallen für die graphische Darstellung weg. Es handelt sich ja um Verhältniswerte, da eine Einbeziehung von Konstanten nichts an der Neigung der Geraden ändert, so daß man nur die Werte J_t als Funktion von t aufträgt. K_1 würde nur eine Parallelverschiebung der Geraden bringen.

t	$\log J_t$	Gezeichnet
12 Std.	$0{,}9609 \quad - 1 = 0{\cdot}0391$	0,04
24 ,,	$0{,}92169 - 1 = 0.07831$	0,08
48 ,,	$0{,}84323 - 1 = 0.15677$	0,16
72 ,,	$0{,}76552 - 1 = 0{,}2347$	0,23
4 Tage	$0{,}68664 - 1 = 0{,}31336$	0,31
5 ,,	$0{,}60 \quad\;\; - 1 = 0{,}40$	0,40
6 ,,	$0{,}53148 - 1 = 0{,}46852$	0,47
7 ,,	$0{,}45179 - 1 = 0{,}54821$	0,55
8 ,,	$0{,}37475 - 1 = 0{,}62525$	0,63
9 ,,	$0{,}29667 - 1 = 0{,}70323$	0,70
10 ,,	$0{,}21748 - 1 = 0{,}78252$	0,78
11 ,,	$0{,}13988 - 1 = 0{,}86012$	0,86
12 ,,	$0{,}06070 - 1 = 0{,}93920$	0,93

$$\log J_t = \log J_0 - \lambda t \log e$$

$$\log J_t - \log J_0 = \lambda t \log e$$

$$\lambda = \frac{\log J_0 - \log J_t}{t \log e}$$

z. B. wenn $t = 24$ Stunden, ist $\log J_t = 0{,}07831$

$$\lambda = \frac{0{,}07831}{24 \cdot 0{,}4343} = 0{,}00752 \text{ (Stunden)}^{-1} \quad \text{(d. h. in reziproken Stunden)}$$

$\tau = $ mittlere Lebensdauer

$\lambda = \dfrac{1}{\tau}$ ist eine Größe von der Dimension einer reziproken Zeit.

Zu der Exponentialgleichung gelangt man durch Integration der Differentialgleichung

$$-\frac{dx}{dt} = k \cdot x,$$

worin x die Menge radioaktiver Substanz,
t die Zeit,
k die Umwandlungskonstante bedeutet.

In dieser Formel drückt sich aus, daß die Abnahme $-dx$ der jeweilig vorhandenen Menge radioaktiver Substanz x in der Zeit dt stets proportional der vorhandenen Menge x ist.

$$-\frac{dx}{dt} = k \cdot x$$

$$\int \frac{dx}{x} = -\int k \cdot dt$$

$$\log x = -kt + c$$

zur Zeit t_0 wird $kt = 0$

$$\log x_0 = c$$

$$\log x = -kt + \log x_0$$

$$x = x_0 e^{-kt}$$

$$J_t = J_0 e^{-kt}$$

Übungsbeispiele.

I. Wieviel ist von einem Emanationsquantum J_0 $(= 1)$ nach 24 Stunden vorhanden, bzw. zerfallen?

$$J_t = J_0 e^{-24 \cdot 0{,}00752} = J_0 e^{-0{,}18}$$

$$\log J_t = -0{,}18 \log 2{,}7182 = -0{,}078174 = 0{,}921826 - 1$$

$$\text{numerus} = 0{,}835,$$

d. h. vom Anfangswerte $J_0 = 1$ sind nach 24 Stunden $0{,}835 = 83{,}5\%$ vorhanden, bzw. $16{,}5\%$ zerfallen.

In GRUNERS Tabellen findet man für $e^{-0{,}18}$ den Wert $0{,}835$.

II. Wie groß ist die Halbwertszeit der Radiumemanation?

Wenn $J_t = \dfrac{J_0}{2}$, gilt $\dfrac{J_0}{2} = J_0 e^{-\lambda t}$

$$\frac{1}{2} = e^{-\lambda t} = \frac{1}{e^{\lambda t}}$$

$$e^{\lambda t} = 2$$

$$\lambda t \cdot \log \text{nat } e = \log \text{nat } 2; \text{ da } \log \text{nat } e = 1 \text{ ist,}$$

$$\lambda t = \log \text{nat } 2 = 0{,}693$$

$$t = \frac{0,693}{\lambda} = 0,693 \cdot \frac{1}{\lambda} = 0,693 \cdot 133 = 92,2 \text{ Stunden oder } 3,85 \text{ Tage.}$$

III. Berechnung von λ des Radium aus der Halbwertszeit (t): da

$$t = 0,693 \cdot \frac{1}{\lambda} \text{ ist } \lambda = \frac{0,693}{1580} = 0,00044 = 4,4 \cdot 10^{-4} \text{ (Jahre)}^{-1}.$$

In dem von Frau CURIE herausgegebenen Werk „Die Radioaktivität" sowie in MEYER-SCHWEIDLERS „Radioaktivität" findet sich eine Tabelle, welche die direkte Ablesung der Emanationsmengen Jt gestattet, welche vom Anfangswert Jo nach jeder beliebigen Zeit t (von einer Stunde bis 30 bzw. 70 Tagen) noch vorhanden ist (siehe Tabelle 10). Die Tabelle leistet dem mit Radiumemanationstherapie sich befassenden Arzte beste Dienste. Außerdem gibt es noch die von Prof. GRUNER zusammen- gestellten Tabellen, in welchen die Werte e^{-x} abzulesen sind.

XII. Nachweis und quantitative Bestimmung radioaktiver Elemente

Für den qualitativen Nachweis von radioaktiver Substanz kann man je nach Wahl die Eigenschaften derselben heranziehen, eine lichtdicht verhüllte photographische Platte zu sensibilisieren bzw. zu schwärzen, gewisse Mineralien und Substanzen zur Fluoreszenz zu bringen, sowie infolge Ionisierung der Luft ein Elektroskop zu ent- laden.

Die quantitative Bestimmung geschieht ausschließlich auf elek- trischem Weg entweder durch elektroskopische oder galvanometrische Messung des von der Strahlung in der Luft unterhaltenen Ionisations- stromes.

Während Gase im normalen Zustand sich elektrisch neutral ver- halten und daher Elektrizität nicht leiten, hat in ionisierten Gasen eine Abtrennung der negativen Elektronen von den positiven Gasmolekül- resten stattgefunden, es haben sich negative und positive Gasionen gebildet, welche Elektrizität fortzubewegen imstande sind.

Das Prinzip der elektrischen Messung ist folgendes: Sind in einer gewissen Entfernung voneinander, sagen wir 10 cm, zwei Metallplatten aufgestellt, von denen die eine mit dem positiven Polende, die andere geerdet oder mit dem negativen Pol einer Batterie verbunden ist, so wird kein Durchströmen von negativer und positiver Elektrizität, also kein elektrischer Strom stattfinden können, da die zwischen den Platten be- findliche Luft Elektrizität fast gar nicht leitet. Ist radioaktive Strahlung vorhanden, so werden die durch Zertrümmerung der Moleküle erzeugten positiven und negativen Luftionen eine erhöhte Leitfähigkeit der Luft verursachen. Die positiven Luftionen werden von der positiven Platte abgestoßen und von der negativen abgefangen, die negativen Luftionen wieder von der negativen Platte zur positiven gezogen. Damit aber auch wirklich alle von der Strahlung erzeugten Ionen abgefangen werden, muß die Spannung zwischen den beiden Platten so hoch sein, daß die Ionen sich nicht etwa gegenseitig, bevor sie von den Platten abgefangen werden, wieder neutralisieren können. Gase folgen nicht dem OHMschen Gesetz und wenn einmal alle Ionen abgefangen werden und sich nicht gegenseitig mehr neutralisieren können, so wird auch bei Zufuhr weiterer Spannung keine Erhöhung des Stromes erfolgen. Sättigungsstrom ist demnach der Maximalstrom, der bei weiterer Spannungszufuhr keine Erhöhung erleidet.

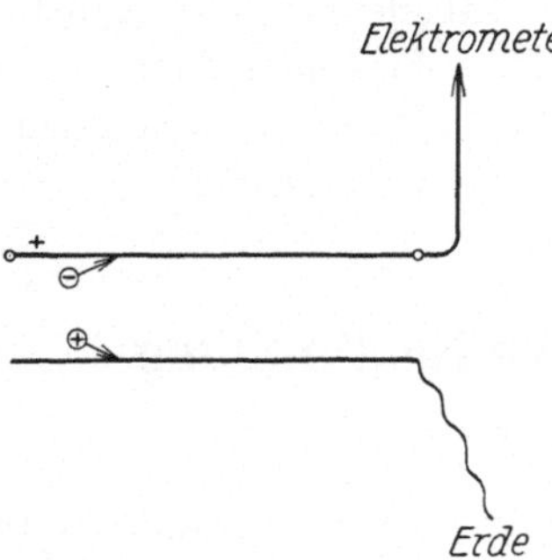

Abb. 15. Plattenkondensator

Die Anwendung der elektroskopischen Methode ist insofern beschränkt, als für starke Aktivitäten die zur Erreichung des Sättigungsstromes nötige Hochspannung nicht aufgeladen werden kann. Man muß dann mittels Galvanometers messen, bei welchem auch eine Aufladung von Tausenden von Volt möglich ist.

Handelt es sich um die bloße Feststellung, ob ein Erdpulver, Mineral usw. radioaktiv ist, so prüft man bequem mittels des Elektroskopes in der sogenannten Topfanordnung des Institutes für Radiumforschung in Wien. Ein kreisrunder Kupferteller von etwa 5 cm Durchmesser, mit 1 mm Rand versehen, wird mit einer möglichst dünnen Schichte feingepulverten Materiales gleichmäßig beschickt, am besten, in dem eine Aufschwemmung in Alkohol aufgegossen und dann durch Abdunsten des letzteren eingetrocknet wird. Man bestimmt zunächst den Isolationsverlust des Elektroskop vor Einbringen des beschickten Kupfertellers, stellt dann den Teller auf den Tisch a und überdeckt mit dem Topf c. Bei Vorhandensein eines radioaktiven Materials werden die Blättchen des Elektroskops rascher zusammenfallen als dem Isolationsverlust entspricht. Zur Schätzung der Größe der Radioaktivität kann man gleiche Gewichtsmengen Joachimsthaler Pechblenderückstände oder chemisch reines Uranoxyd heranziehen. Man bezieht die durch Beobachtung der Entladungsgeschwindigkeit der Elektroskopblättchen bestimmte Aktivität durch Vergleichsmessung auf reines Uranoxyd oder Joachimsthaler Rückstände.

Die Bestimmung des Radiumgehaltes in Mineralien einschließlich Silikaten kann erst nach Aufschluß ermittelt, d. h. die radioaktive Substanz muß in einen löslichen Zustand überführt werden. Ein Gramm feinstgepulvertes Mineral wird in einem Eisentiegel mit 6 g eines Gemisches von Natrium- und Kaliumkarbonat zusammengeschmolzen, die Schmelze in Wasser aufgenommen und der in Wasser unlösliche, das Radium als Karbonat enthaltende Rückstand nach dem Auswaschen jeglicher Spur Sulfat in salzsaurem Wasser gelöst. Die Bestimmung des Radiumgehaltes erfolgt nach dem später beschriebenen Messungsverfahren auf Grund der Emanationsentwicklung.

Die Prüfung der Radioaktivität auf photographischem Weg kann in folgender Art durchgeführt werden: Man exponiert in etwa 1 cm Distanz von der mit schwarzem Papier verhüllten Platte eine nach dem Grade der Aktivität bestimmte Zeit. Bei Gesteinen mit Adern von Pechblende kann man nach einer zwölfstündigen Exposition auf dem Radiogramm deutlich die uranhältigen Adern von dem Silikat unterscheiden. Auch die Radioaktivität von Wässern läßt sich auf photographischem Wege feststellen. Schon 10 cm³ Emanationswasser, etwa 100 Mache-Einheiten, in planparallele Fläschchen gefüllt, lassen auf dem Radiogramm die radioaktive Strahlung erkennen.

Soll festgestellt werden, ob α-, β- oder γ-Strahlung vorliegt, so verfährt man in folgender Weise:

Zunächst muß die Substanz darauf geprüft werden, ob dieselbe Emanation abgibt. Das in einem Schälchen oder Tiegel befindliche Präparat wird in einer Gaswaschflasche zirka einen Tag verschlossen gehalten, hierauf die Luft aus der Waschflasche im Kreissystem mittels Gummigebläses in die Meßkanne des Fontaktometers getrieben und nach dem S. 52 beschriebenen Verfahren auf Emanation untersucht.

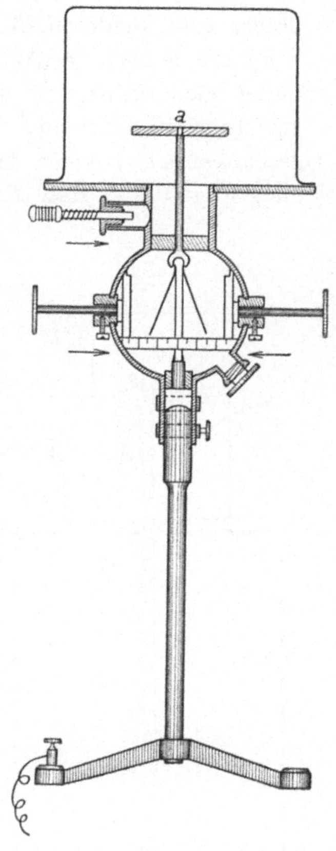

Abb. 16.   Topfanordnung

Emaniert die Substanz, so muß dieselbe in ein Glasröhrchen von äußerst dünner Wandstärke, etwa 0,01 mm, eingeschmolzen und das Röhrchen auf das Tischchen des Elektrometers gebracht werden. Zeigt der Elektrometer einen durch Strahlung bedingten Ladungsverlust an, so schmilzt man das Glasröhrchen in ein zweites Glasrohr von etwa 0,05 mm Wandstärke ein. War nur α-Strahlung vorhanden, so zeigt sich jetzt kein Ladungsverlust, da die α-Strahlung durch 0,05 mm Glas abgehalten ist. Ein nicht emanierender α-Strahler wie ein Poloniumpräparat prüft man offen und hierauf nach Einhüllung in ein Papierkuvert.

Zur Erkennung einer β- und γ-Strahlung kann man sich folgender Arbeitsweise bedienen:

Das in ein Glasröhrchen von etwa 0,05 mm Wandstärke eingeschlossene Präparat befindet sich in horizontaler Lage am Ende eines durchbohrten, zur Abhaltung sekundärer Bleistrahlung innen mit Papppapier ausgekleideten Bleizylinders. In einer hinreichenden Distanz vom Präparat, je nach der Aktivität des Präparates, befindet sich ein Elektrometer nach WULF, auf welchem ein mit Seidenpapierfenster versehener als Ionisationskammer dienender, würfelförmiger Blechaufsatz aufgeschoben ist, welcher einen als Elektrode fungierenden Metallstift birgt. Man sorgt dafür, daß die aus dem Glasröhrchen austretenden Strahlen durch das Papierfenster eintreten können. Ein Ladungsabfall der Elektrometerblättchen kann von einer β- oder γ-Strahlung herrühren. Um β-Strahlung neben γ-Strahlung nachzuweisen, schaltet man in den Weg der Strahlen zwischen Strahlungsquelle und Elektrometer eine 3 mm starke Bleiplatte, wodurch die β-Strahlung absorbiert wird und nur die γ-Strahlung austreten kann.

Für die Messung der Emanation in Lösungen, Quellwässern oder in der Luft bedienen wir uns unter Anwendung der Zirkulations- oder Schüttelmethode des bequem zu handhabenden Fontaktometers von MACHE und MEYER.

Das Fontaktometer besteht aus einem Elektroskop A, welches auf eine zirka 15 Liter fassende zylindrische Blechkanne B mittels Metallschliffes aufgesetzt werden kann. Das Elektroskop A besitzt eine Bernsteinplatte b als Isolator, durch deren Mitte der Metallträger c der Elektroskopblättchen

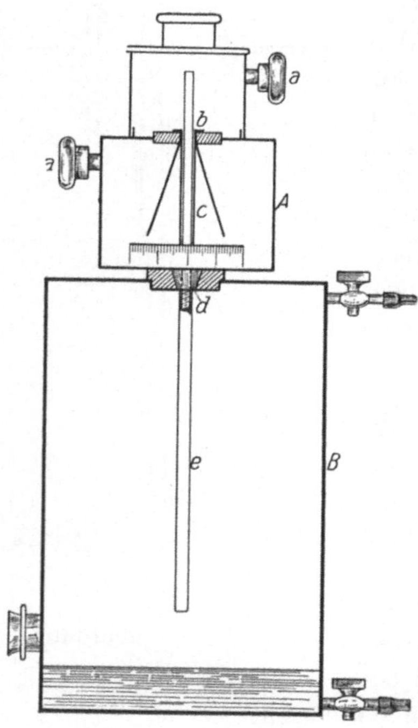

Abb. 17. Fontaktometer nach MACHE und MEYER

durchgezogen ist und eine aufschraubbare Glasdose a zur Aufnahme von metallischem Natrium für Trockenzwecke. Die Blechkanne B besitzt seitlich zwei Hähne zum Durchleiten der Emanation bei Ausführung der Zirkulationsmethode sowie unterseits einen mit aufschraubbarer Kappe verschließbaren Tubus. In der Mitte der oberen Fläche der Meßkanne befindet sich eine kegelförmig verlaufende Öffnung, welche mit einem gut eingeschliffenen Zapfen (Kegelventil) d gasdicht verschlossen werden kann. Der Zapfen ist nach oben zu durch einen etwa 15 cm langen Metallstift verlängert, nach unten zu mit einem fast bis zum Boden der Kanne reichenden Metallzylinder e, der als Elektrode fungiert, verschraubbar.

Will man eine Emanationslösung messen, so wird zunächst ein entsprechendes Volumen derselben durch den Tubus in die Kanne gefüllt und die gut verschlossene Kanne durch zwei Minuten kräftig durchgeschüttelt, um die Emanation aus der Lösung herauszutreiben. Ein bestimmtes Emanationsquantum bleibt trotz des Schüttelns entsprechend dem früher erwähnten Verteilungskoeffizienten in der wässerigen Lösung zurück und ist in Rechnung zu ziehen. Nach dem Durchschütteln läßt man die Kanne dreieinhalb Stunden stehen, bis das Gleichgewicht zwischen Emanation und dem kurzlebigen Zerfallsprodukten derselben: Radium A, Radium B, Radium C, C′ und C″ (dem sogenannten aktiven Niederschlag oder der induzierten Aktivität) eingetreten ist. Man setzt hierauf das Elektroskop auf die Meßkanne, zieht den die Verlängerung des Kegelventils bildenden Metallstift bis zum Anschlag herauf, wodurch die Elektrode mit dem Metallträger der Elektrometerblättchen leitend verbunden ist, anderseits durch den Bernsteinisolator frei in das Innere der Meßkanne hineinragt.

Das Fontaktometer ist demnach ein Zylinderkondensator: Der mit den Blättchen leitend verbundene Teil des Elektroskopgehäuses einschließlich des als Elektrode dienenden Metallzylinders stellt die eine zu ladende Platte vor, während das Gehäuse der Blechkanne die zweite zu erdende Platte darstellt. Man ladet durch Berühren des aus dem Bernstein herausragenden Metallstiftes die Blättchen mit einer Zambonisäule auf.

Es kommt bei der Schüttelmethode zuweilen vor, daß ein Wassertropfen am Kegelventil hängen bleibt, eine leitende Brücke mit der Meßkanne, die geerdet ist, bildet und so eine Ladung des Elektroskops unmöglich macht. In diesem Falle muß man den Ladestift einige Male herauf- und herunterschieben, bis die Wasserbrücke beseitigt ist. Diese Unannehmlichkeit ist bei der Zirkulationsmethode ausgeschlossen.

Die Stellung der Blättchen kann an einer Skala mit Hilfe einer Lupe und Spiegels abgelesen werden. Ist Emanation vorhanden, so werden die Blättchen mit einer der Radioaktivität proportionalen Geschwindigkeit zusammenlaufen. Der Weg, welchen die Blättchen zurücklegen, ist mit einer mittels Hochspannungsbatterie geeichten Skala versehen. Jedem Teilstrich der Skala entspricht ein bestimmtes Potential (Spannung). Elektroskope mit geeichter Skala werden Elektrometer genannt.

Durch die mittels Stoppuhr ermittelte Zeit in Sekunden, welche die ge-
ladenen Blättchen zum Durchlaufen eines bestimmten Intervalles, zum
Beispiel vom Skalenteil 15 bis 10 benötigen, kann bei Kenntnis der
Kapazität der Anordnung der Sättigungsstrom berechnet werden.

Die Schüttelmethode ist nur in solchen Fällen ratsam, wo die

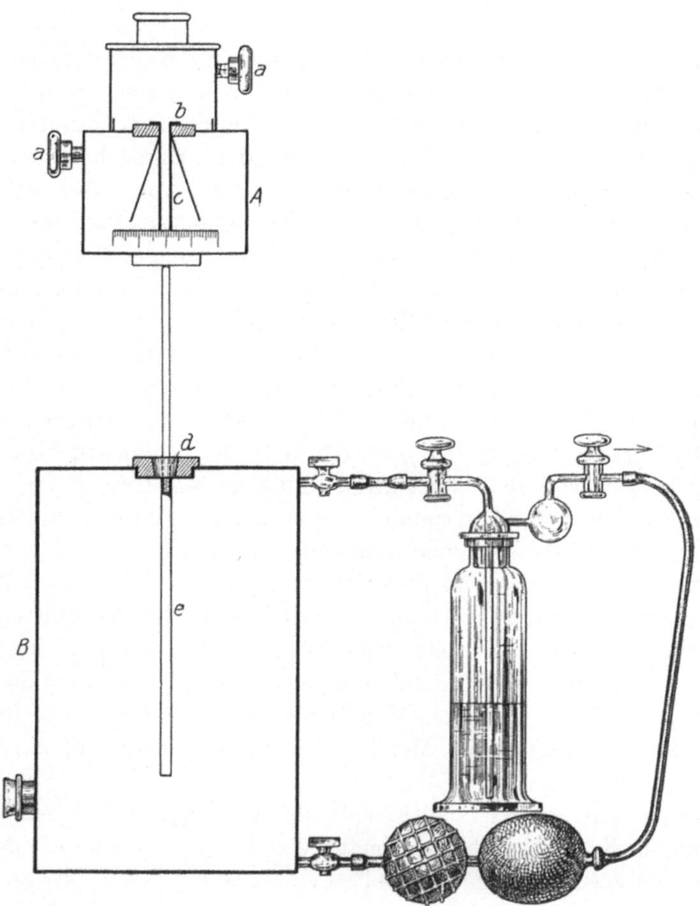

Abb. 18. Emanationsmessung mittels Fontaktometer nach der
Zirkulationsmethode

Anwesenheit jeder Spur von Radium selbst ausgeschlossen erscheint,
da sonst die Kanne allzu sehr radioaktiv „verseucht" wird. Während der
aktive Niederschlag schon nach dreieinhalb Stunden praktisch auf 0 gesunken ist, kann eine mit Radium verseuchte Kanne nur mühsam durch
wiederholtes Auswaschen mit verdünnter Salzsäure gereinigt und für
weitere Messungen brauchbar gemacht werden.

Wenn man eine Emanationsmessung in der Luft durchzuführen oder eine nicht mit Sicherheit radiumfreie Emanationslösung vor sich hat, bedient man sich ausschließlich der Zirkulationsmethode (Abb. 18); allerdings ist bei diesem Verfahren gutes, nicht poröses Kautschuk- und Schlauchmaterial notwendig.

Mittels eines Gummidoppelgebläses, welches mit der Hand oder Motor betrieben werden kann, wird eine Viertelstunde Luft durch die in einer Gaswaschflasche befindliche Emanationslösung oder, wenn es sich um Messung von Luft handelt, durch die mit zwei Glashähnen versehene, das Emanationsgas enthaltende Glaskugel im geschlossenen Kreisstrom getrieben. Hierauf werden die Hähne der Kanne geschlossen und nach dreieinhalb Stunden die Messung ausgeführt. Von der Gasdichte der Meßkanne überzeugt man sich vor dem Einbringen der Emanation in der Weise, daß man den einen Hahn der Kanne mit einem mit Wasser gefüllten U-Rohr (als Manometer dienend) verbindet, durch Aufsaugen der Luft am zweiten Hahn Unterdruck in der Kanne erzeugt und beobachtet, ob das Niveau im Manometer konstant bleibt. Sinkt der Wasserstand, so ist meist eine Undichte beim Kegelventil, das deshalb stets gefettet sein muß, vorhanden.

Nach der im Wiener Institut für Radiumforschung geübten, äußerst bequemen Anordnung (Abb. 19) ist die Meßkanne A auf einem Stativ umgekehrt mit dem Boden nach oben zu aufgestellt. Das WULFsche Elektrometer B, durch dessen Bernsteinisolation ein Metallrohr durchgezogen ist, wird von unten auf den Stift, der die leitende Verlängerung der Elektrode bildet, aufgeschoben. An der Kanne unterseits sind ein mit Quecksilber gefülltes U-Rohr zur Prüfung der Gasdichte, sowie die beiden mit Glashähnen versehenen Zuleitungs- und Ableitungsröhren für den Kreisstrom der emanationshältigen Luft angebracht. Das Laden erfolgt von außen durch Andrücken eines mit Federventil versehenen Stäbchens.

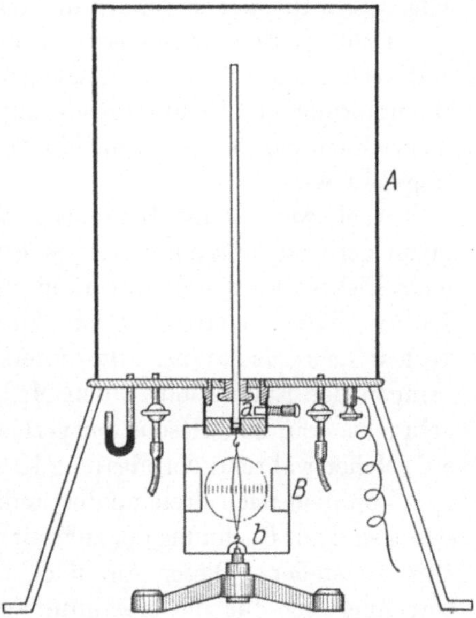

Abb. 19. Anordnung zur Messung der Emanation mit dem WULFschen Elektrometer

Da das Elektroskop von der Meßkanne fast gasdicht abgeschlossen ist, so wird bei dieser Apparatur ein Eindringen von Emanation in das

Elektroskop vermieden, was außer der Ladevorrichtung einen großen Vorteil gegenüber der Fontaktometeranordnung bedeutet.

Wegen der bei höherer α-Strahlenaktivität allzu raschen Entladung der Blättchen, welche ein Beobachten unmöglich macht, kann man nur Emanationsmengen bis 10^{-8} Curie oder, im Stromwertsäquivalent ausgedrückt, bis etwa 30 Mache-Einheiten in die Meßkanne einbringen. Bei so kleinen Emanationsmengen kommt nur die α-Strahlung in Betracht, während die β- und γ-Strahlung praktisch in den Hintergrund tritt. Mittels eines Elektroskops kann man noch Radiummengen von 10^{-12} g nach der Emanationsmethode nachweisen. Siehe Seite 58. Diese Empfindlichkeit macht anderseits Emanationsmessungen, namentlich wenn es sich um die Frage handelt, ob ein Quellwasser überhaupt radioaktiv ist, zu einer sehr peinlichen Arbeit. Man hüte sich, mit Händen, welche vor der Messung Radiumpräparate berührten, den Ladestift herauszuziehen. Da feuchte Luft die Bernsteinisolation verschlechtert, indem sich eine Wasserschichte auf dem Bernstein bildet, wird durch Einbringen von metallischem Natrium in die seitlich am Gehäuse angebrachten Glasdosen für das Trocknen der Luft gesorgt.

Größere Emanationsmengen mißt man nach der später von uns zu besprechenden γ-Strahlenmethode, weil bei der Messung durch α-Strahlung die ursprüngliche Emanationslösung so stark zu verdünnen ist, daß durch Vervielfachung der unvermeidlichen Beobachtungsfehler das Resultat ungenau wird.

Auch wenn keine Emanation vorhanden ist, werden die Blättchen einen geringen Spannungsverlust erleiden, da ja vollkommene Isolation eines Elektroskops, d. h. unveränderte Beibehaltung der einmal erhaltenen Ladung nicht zu erreichen ist. Man nennt diesen spontanen Ladungsverlust Leer-, Isolationsverlust; derselbe wird unmittelbar vor dem Einbringen der Emanation in den Meßraum bestimmt und in Abrechnung gebracht. Ein hoher Isolationsverlust macht die Resultate unsicher, weil ein solcher während der Messung kaum konstant bleibt.

Von dem nach dreieinhalbstündigem Stehen gemessenen Sättigungsstrom sind auf Rechnung der zur Zeit der Messung vorhandenen Emanation 49% zu stellen. Dieser Anteil der Emanation an der Gesamtaktivität berechnet sich für die erwähnte Fontaktometerform nach MEYER und HESS mit 43%, erhöht sich durch Umrechnung auf volle Ausnützung der Reichweite der α-Teilchen an den wandnahen Partien des Gefäßes gemäß der von DUANE und LABORDE empirisch ermittelten Formel auf 49% und unter Berücksichtigung der innerhalb $3\frac{1}{2}$ Stunden zerfallenden Emanationsmenge auf 50,2%. Da nämlich ein Teil der α-Teilchen von der Wandung des Meßgefäßes abgefangen wird, werden in einem endlichen Meßgefäß weniger Ionen erzeugt, als der α-Strahlung der Emanation entsprechen. Der Sättigungsstrom ist demnach nicht nur von der Sättigungsspannung, sondern auch von der Größe und Form des Meßgefäßes abhängig.

Die Messung der Emanation im Gleichgewichtszustand mit der induzierten Aktivität gibt weit verläßlichere Resultate als das Verfahren, bei welchem die Gesamtaktivität nach dem Durchschütteln in der Meßkanne gemessen und nach dem Ausblasen der Emanation die induzierte Aktivität von der Gesamtaktivität in Abzug gebracht wird. Das Abklingen der induzierten Aktivität wird mit der Stoppuhr beobachtet und aus dem Kurvenlauf auf den Wert der induzierten Aktivität zur Zeit to, d. h. im Moment des Ausblasens der Emanation zurückextrapoliert. Die Extrapolation gibt jedoch bei noch so raschem Arbeiten wegen der kurzen mittleren Lebensdauer von Radium A ($4\frac{1}{2}$ Minuten) unsichere Werte.

Der Sättigungsstrom berechnet sich nach folgender Formel:

$$J = \frac{k\,(v_1 - v)}{300\,.\,t}$$

in welchem J die Stromstärke in elektrostatischen Einheiten, bzw. bei Konzentrationsmessungen den Emanationsgehalt pro Liter in Mache-

Einheiten (eine Mache-Einheit $= \dfrac{1}{1000}$ elektrostatische Einheit) bedeutet.

k ist die Kapazität, $v_1 - v$ der Spannungsverlust durch die Strahlung, t die Entladungszeit in Sekunden.

Unter Kapazität versteht man das Verhältnis zwischen Elektrizitätsmenge und erreichtem Potential oder jene Elektrizitätsmenge, welche erforderlich ist, um das Potential der Elektrometerblättchen samt dem dieselben tragenden Teil des Elektrometergehäuses und des als Elektrode fungierenden Metallzylinders um eine Einheit zu erhöhen. (Die Kapazität wird im elektrostatischen Maßsystem durch den Radius einer Kugel ausgedrückt, die Einheit der Kapazität im elektrostatischen Maßsystem besitzt eine Kugel von 1 cm Radius.) Man kann auch sagen: Kapazität ist Ladung pro 1 Volt.

Die Potentialeinheit besitzt eine Kugel von 1 cm Radius, wenn auf ihrer Oberfläche die Elektrizitätsmenge einer elektrostatischen Einheit gleichmäßig verteilt ist. Die Kapazität hängt von der Form, Oberfläche, Größe des Leiters und der Dielektrizitätskonstante der Umgebung ab.

Unter elektrostatischer Einheit versteht man diejenige Elektrizitätsmenge, welche auf eine gleich große Elektrizitätsmenge in der Entfernung von 1 cm die anziehende oder abstoßende Kraft von einer Dyne $= \dfrac{1}{980}$ g ausübt. (Siehe S. 5.)

Da Stromstärke die in der Sekunde durchströmende Elektrizitätsmenge e bedeutet, 1 Volt $\dfrac{1}{300}$ der Potentialeinheit ist, so ergibt sich aus $\dfrac{e}{v} = k$ die Formel $e = \dfrac{k \cdot v}{300 \cdot t}$.

Die Kapazität unseres Fontaktometersystems betrage z. B. 10,4 cm, d. h. um das Potential der Elektrometerblättchen samt dem mit ihnen leitend verbundenen Metallträger um eine Einheit zu erhöhen, ist dieselbe Elektrizitätsmenge aufzuladen wie auf einer Kugel von 10,4 cm Radius.

Das Emanationsquantum wird entweder im Strommaß oder in Masseeinheiten — „Curie" — ausgedrückt. Die α-Strahlung der Emanation erzeugt durch Zertrümmerung der Luftmoleküle einen elektrischen Strom. Als Strommaßeinheit zur Angabe des Emanationsgehaltes von Quellwässern oder künstlichen Emanationslösungen war bisher in deutschen Landen die Mache-Einheit $= \dfrac{1}{1000}$ elektrostatische Einheit üblich. Auf der Freiburger Tagung im Jahre 1921 wurde die in Amerika eingeführte Masseeinheit der Emanation $= 10^{-10}$ Curie empfohlen und mit „Eman" benannt.

1 Eman = 0,275 Mache-E. und 1 Mache-E. = 3,64 Eman.

In Frankreich wird die Eman-Einheit mit „Dismillimikrocurie" bezeichnet.

Auch wurde beschlossen, den Emanationsmessungen eine Normallösung von Radiumsalz zugrunde zu legen. Man berechnet daher das Emanationsquantum nicht mit Hilfe des empirisch von DUANE-LABORDE angegebenen Korrektionsfaktors, der ja immer Ungenauigkeiten beinhaltet, sondern durch vergleichende Messung des von der zu untersuchenden Emanationslösung enthaltenen Sättigungsstromes mit dem von einer Radiumnormallösung erhaltenen.

Als Masseeinheit der Emanation wurde dasjenige Emanationsquantum, welches mit 1 g Radiumelement im Gleichgewicht steht, sich also in vier Wochen aus diesem Quantum ansammelt, eingeführt und mit 1 Curie bezeichnet.

Das Stromwertäquivalent, d. h. der von diesem Emanationsquantum in der Luft unterhaltene Sättigungsstrom, beträgt $2{,}75 \cdot 10^6$ elektrostatische Einheiten; $\dfrac{1}{1000}$ Curie wird Millicurie, $\dfrac{1}{1{,}000.000}$ Curie Mikrocurie genannt.

Da vielen die elektrodynamische Stromeinheit, das Ampere geläufiger ist, so wollen wir den Sättigungsstrom auch in Ampere ausdrücken. Der Stromwert von einer Curie ist zirka 0,9 Milliampère.

Ein Ampere ist diejenige Stromstärke, bei welcher in einer Sekunde eine Elektrizitätsmenge von einem Coulomb durch den Querschnitt eines Leiters fließt.

Der Wert von einer Curie in Milliampere umgerechnet, ergibt sich nach der Proportion:

$$3{,}10^9 : 1 = 2{,}75 \cdot 10^6 : x$$

$$x = 0{,}9 \text{ Milliampere}$$

$$(1 \text{ Coulomb} = 3{,}10^9 \text{ elektrostatische Einheiten}).$$

Beispiel einer Emanationsmessung.

Isolationsverlust 15 bis 10 $\qquad$ 50$^{\text{min.}}$

Emanation $+$ aktiver Niederschlag 15 bis 10 $\qquad$ 50$^{\text{sec.}}$

$v_1 =$ Spannung bei Skalenteil 15	264	Volt
$v = \quad$ „ $\quad$ „ $\quad$ „ $\quad$ 10	209,5	„
$v_1 - v =$ Spannungsverlust	54,5	Volt
Isolationsverlust in 50$^{\text{sec.}}$	0,9	„
Kapazität 10,4 cm	53,6	Volt

$$J = \frac{10{\cdot}4 \cdot 53{\cdot}6}{50 \cdot 300} = 0{,}0372 \text{ statische Einheiten, } 49\% \text{ davon} = 0{,}0182$$

statische Einheiten für reine Emanation.

Es wurde ein Liter Emanationslösung in die Kanne gefüllt, demnach verblieb ein Emanationsrest gemäß dem Verteilungskoeffizienten 0,25 in dem Wasser zurück.

$$1000 \text{ cm}^3 \cdot 0{,}25 = 250 \text{ cm}^3$$

$$14.000 : 14.250 = 0{,}0182 : x$$

$$x = 0{,}0188 \text{ statische Einheiten.}$$

Die Emanationslösung in der Kanne wurde durch Verdünnung von 5 cm³ der ursprünglichen Stammlösung auf 1 Liter hergestellt; demnach 200fache Verdünnung in die Meßkanne gebracht.

$$18{,}8 \times 200 = 3760 \text{ Mache-Einheiten.}$$

Der Meßkolben hatte 25 cm³ Luftraum, demnach ist die Emanation im Verhältnis 250 : 25 verteilt.

$$3760 : x = 250 : 275.$$

$x = 4136$ Mache-Einheiten in 1 Liter ursprünglicher Emanationsflüssigkeit vorhanden.

Festes Radiumsalz wird entweder nach der Emanationsmethode, dann muß es in Lösung gebracht werden, oder nach der γ-Strahlenmethode gemessen. Bei der Emanationsmethode wird die Lösung des Radium durch Auskochen oder Ausquirlen von der Emanation befreit, je nach dem vermutlichen Radiumgehalt eine bestimmte Anzahl von Stunden stehen gelassen und die Emanation nach dieser Zeit gemessen. Da die Emanationsmenge, die von 1 g Radiumelement innerhalb jeder beliebigen Zeit produziert wird, mit Hilfe der Exponentialgleichung

$$J_t = J_\infty \, (1 - e^{-\lambda t})$$

berechnet werden kann, läßt sich die gesuchte Radiummenge ermitteln.

Beispiel einer Radiummessung nach der Emanationsmethode

1 cm³ der Radiumchloridlösung wurde in einem Meßkolben auf 2 Liter verdünnt, von dieser Verdünnung 100 cm³ behufs Entfernung der Emanation aufgekocht, in eine Gaswaschflasche gebracht und nach 2 Tagen 10 Stunden die wiedergebildete Emanationsmenge nach der Zirkulationsmethode gemessen.

$$\text{Isolation } 15 \text{ bis } 14 \qquad 10^{\text{min.}}$$
$$\text{Emanation} + \text{aktiver Niederschlag } 15 \text{ bis } 10 \qquad 50^{\text{sec.}}$$

$$J = \frac{10{,}4 \cdot 53{,}6}{300 \cdot 50} = 0{,}0371 \text{ statische Einheiten, } 49\% \text{ davon} = 0{,}0182$$

statische Einheiten auf Rechnung der Emanation allein.

Die aus der Radiumlösung gebildete Emanation verteilt sich in dem Luftraum der Meßkanne von 15 Liter und dem 400 cm³ betragenden Luftraum der Gaswaschflasche samt Doppelgebläse und Schläuchen

$$15.000 : 15.400 = 18{,}2 : x$$

$$x = 18{,}7 \text{ Mache-Einheiten.}$$

Laut Tabelle 10 bilden sich nach 2 Tagen 10 Stunden:

$$\left\{ \begin{array}{l} J_t = J_\infty \, (1 - e^{-0{,}00752 \times 58} = 1 - e^{-0{,}436} = 0{,}352 \\ \left(\begin{array}{l} \lambda = 0{,}00752 \ (\text{Stunden})^{-1} \\ t = 58 \text{ Stunden} \end{array} \right) \end{array} \right\}$$

35,2% des Gleichgewichtswertes wieder, demnach beträgt derselbe 53,1 Mache-Einheiten.

$$35{,}2 : 100 = 0{,}0187 : x$$

$$x = 0{,}0531 = 53{,}1 \text{ Mache-Einheiten.}$$

Da 1 mg Radium mit einem Emanationsquantum vom Stromwert $2{,}75 \cdot 16^6$ Mache-Einheiten im Gleichgewicht steht, so ergibt sich:

$$2,75 \cdot 10^6 : 1 = 53,1 : x$$

$x = 1,92 \cdot 10^{-5}$ mg Radium in 100 cm³ Verdünnung (1 : 2000),

demnach $3,84 \cdot 10^{-4}$ mg in 1 cm³ ursprünglicher Lösung.

Für die Messung nach der γ-Strahlenmethode muß das Radiumsalz vier Wochen gasdicht verschlossen bleiben, bis das Gleichgewicht zwischen Radium und seiner Emanation eingetreten ist. Kann man nicht bis zum Eintreten des Gleichgewichtes warten, so läßt sich der Gleichgewichtswert (Sattwert, Endwert) aus dem Anstieg der Emanation, bzw. der γ-Strahlung extrapolieren, nachdem man weiß, wieviel Prozent des Gleichgewichtswertes von einem beliebigen Radiumquantum innerhalb irgend eines Zeitraumes produziert wird und der Anstieg der γ-Strahlung dem Anstieg der Emanation proportional ist. Größere Radiumsalzmengen (über 0,1 mg) mißt man stets nach der γ-Strahlen- und nicht nach der Emanationsmethode, weil bei letzterer das Radium in Lösung gebracht wird und überdies durch die große Verdünnung für die Emanationsmethode die unvermeidlichen Beobachtungsfehler sich bei der Berechnung vervielfältigen und ungenaue Resultate zur Folge haben. Da nur γ-Strahlung gemessen werden darf, ist zwischen Radiumpräparat und Elektroskop eine mindestens 3 mm dicke Bleiplatte zwischengeschaltet (Abb. 20) (die Anordnung im Wiener Institut für Radiumforschung). Die Anzahl der dazwischen zu schaltenden Bleiplatten (Schichtdicke) richtet sich nach der Aktivität des Radiumpräparates. Bei dieser relativen Messung wird nicht die gesamte γ-Strahlung, sondern nur ein aliquoter Teil derselben gemessen.

Die Größenordnung des Radiumgehaltes im Präparat und im Standard darf nicht zu stark differieren, d. h. die Wahl des Standard richtet sich nach dem Radiumgehalt des zu untersuchenden Präparates. Das Verhältnis derselben zueinander soll innerhalb 1 : 3 liegen, um möglichst gleiche Sättigungsstromverhältnisse zu erzielen.

Das Radiumpräparat muß unter vollkommen gasdichtem Verschluß stehen, damit nicht die geringste Spur von Emanation entweichen kann, weil in letzterem Falle einerseits nicht die dem Radiumgehalte entsprechende γ-Strahlung erreicht, anderseits das Elektroskop durch die Emanation verseucht wird.

Der sicherste Verschluß bleibt das Einschmelzen in Glasröhrchen; wo dies, wie bei Platten, nicht möglich ist, verwende man Wagegläser mit sehr gut eingeschliffenem Glasstopfen, welche überdies hoth thit Paraffin überzogen werden.

Die Messung nach der γ-Strahlenmethode ist eine relative. Es wird die γ-Strahlung des Präparates mit der eines durch Vergleichsmessung mit den internationalen Standards geeichten Radiumnormalpräparates („sekundären" Standards) verglichen. Man bestimmt die Entladungsgeschwindigkeit der Blättchen nach dem Auflegen des Radiumpräparates auf der Bleiplatte *a* und hierauf in gleicher Entfernung und Lage vom Elektroskop die Entladungsgeschwindigkeit der Blättchen nach Auflegen des Radiumstandardpräparates. Die Entladungsgeschwindigkeiten (gemessen in $^1/_5$ Sekunden) sind dem Radiumgehalt direkt proportional.

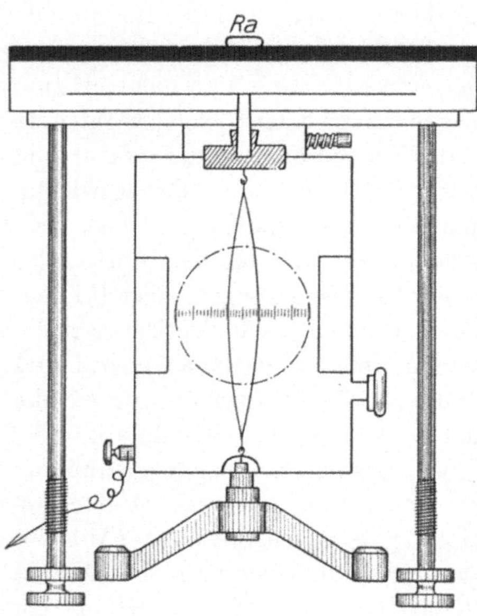

Abb. 20. Anordnung zur Messung nach der γ-Strahlenmethode

Was die Normierung einer Radiummaßeinheit betrifft, so ist es erst im Jahre 1912 gelungen, diese Maßeinheiten genau zu definieren, nachdem Frau CURIE und HÖNIGSCHMID absolut reines, vollkommen bariumfreies Radiumchlorid herzustellen imstande waren. Ein internationales Standardpräparat (16,74 mg Radium) befindet sich in Paris, eine Reihe anderer in Wien im Institut für Radiumforschung, Mengen von 7 mg bis 600 mg Radiumelement enthaltend.

Als Maßeinheit von festen Radiumpräparaten ist das Milligramm Radiumelement normiert. Beim Kaufe verlange man stets die Angabe des Gehaltes in Radiumelement und nicht kurzweg in Radium, da darunter im Handel auch das mit zwei Molekülen Wasser kristallisierte Radiumbromid verstanden wird, ein Umstand, der wiederholt von unreellen Händlern ausgenützt wurde. 100 mg Radiumbromid ($RaBr_2 + 2H_2O$) enthalten nur 53,57 mg Radiumelement (Radiummetall).

Die Beziehung des Radiumgehaltes auf Radiumelement (Radiummetall) wurde schon oft von Ärzten mißverstanden, welche der Meinung waren, daß tatsächlich elementares Radium auf den Radiumträgern verteilt sei.

Beispiel einer Radiummessung nach der γ-Strahlenmethode

Isolation 3,4 Skalenteile pro Stunde. Radiumstandard mit 21,71 mg Radiumelement als Vergleichsmaß.

Ablesung von Skalenteil 65 bis 30

für Standard   58,8$^{sec.}$
für Präparat D 2$^{min.}$ 32,4$^{sec.}$

$$\text{Isolationsverlust pro Sek.} \quad \frac{3,4}{3600} = 0,000944 \text{ Skalenteile}$$

$$\frac{35}{152 \cdot 4} = 0,22966 \text{ Skalenteile}$$

$$\text{Aktivität des Präparates D} \quad \frac{0,00094 \text{ Isolation}}{0,22872 \text{ Skalenteile}}$$

$$\frac{35}{58,8} = 0,59524 \text{ Skalenteile}$$

$$\text{Aktivität des Standard} \quad \frac{0,00094 \text{ Isolation}}{0,59430 \text{ Skalenteile}}$$

$$0,5943 : 0,2287 = 21,71 : x$$

$$x = 8,354 \text{ mg Radiumelement.}$$

I. Die nach mehreren Tagen wiederholte Messung ergab dasselbe Resultat; demnach ist Präparat D bereits emanationssatt, d. h. im radioaktiven Gleichgewicht.

II. Die nach 3 Tagen 22½ Stunden wiederholte Messung ergab einen Anstieg der γ-Strahlung.

Radiumstandard	58,4$^{\text{sec.}}$
Präparat D_1	2$^{\text{min.}}$ 21,8$^{\text{sec.}}$
Isolation	1,2 Skalenteile pro Stunde
	(kann vernachlässigt werden)

$$58,4 : 141,8 = x : 21,71$$

$$x = 8,94 \text{ mg,}$$

demnach ein Anstieg von $8,94 - 8,35 = 0,59$ mg Radium in 3 Tagen 22½ Stunden.

Da gemäß der Gleichung

$$J_t = J \infty \, (1 - e^{-0,00752 \cdot 94,5}) = 1 - e^{-0,71} = 0,509,$$

also 50,9% des Sattwertes wiedergebildet sind, so werden 0,58 mg auf den Endwert 1,14 mg ansteigen

$$0,58 : x = 50,9 : 100$$

$$x = 1,14 \text{ mg.}$$

Der extrapolierte Endwert des Präparates $D_1 = 9,50$ mg:

$$\begin{array}{r} 8,36 \text{ mg} \\ \underline{1,14 \text{ ,,}} \\ 9,50 \text{ mg.} \end{array}$$

Man mißt starke Emanationswässer, oder Emanationspräparate bequemer und richtiger wegen der für die Messung mittels Fontaktometer nötigen Verdünnung der ursprünglichen Emanationslösung durch die γ-Strahlung, welche man mit der γ-Strahlung einer Radium-Normallösung vergleicht. (1 mg Radiumelement ist im Gleichgewichte

Abb. 21. γ-Strahlenelektrometer nach WULF-HESS

mit einem Emanationsquantum vom Stromwert $2{,}75 \times 10^6$ Macheeinheiten.)

Die Messung der γ-Strahlung einer Emanationslösung kann erst $3\frac{1}{2}$ Stunden nach der Herstellung aus der Radiumlösung erfolgen, da die Emanation für sich allein nur α-Strahler ist, die γ-Strahlung erst von den Umwandlungsprodukten der Emanation: Radium B und Radium C geliefert und das Gleichgewicht der Emanation mit diesen nach $3\frac{1}{2}$ Stunden praktisch erreicht wird. Zur Messung der γ-Strahlung von Emanationswässern ist das außerordentlich empfindliche γ-Strahlen-Elektroskop nach WULF-HESS, dessen Kapazität rund 1 cm beträgt, sehr geeignet. (Siehe Abb. 21.)

XIII. Lichterscheinungen

Radiumsalze leuchten im Dunkeln, und zwar nimmt die Leuchtkraft mit dem Gehalte an Radiumelement zu; Feuchtigkeit schwächt die Leuchtkraft. Auch Radiumemanation leuchtet, bzw. verursacht Fluoreszenz der Gasteilchen in dem Gefäße, in welchem Emanation sich befindet. Der Lichteffekt wird auf das Bombardement des Stickstoffs der Luft durch die α-Strahlen zurückgeführt. Hochprozentiges trockenes Radiumchlorid leuchtet blauviolett. Das Leuchten von festem Radiumsalz wird auf den Anprall der α-Strahlen im Präparate selbst zurückgeführt. Im Stickstoff oder in der Luft befindliches Radium zeigt ein dem Stickstoff ähnliches Spektrum. Es scheint, daß das Bombardement der Stickstoffmoleküle durch die α-Strahlen das Spektrum bedingt, da in hochevakuierten Röhrchen eingeschmolzenes Radiumsalz kein Stickstoffspektrum zeigt.

Die Radiumstrahlen vermögen auch Fluoreszenz- und Lumineszenzerscheinungen bei gewissen Mineralien hervorzurufen. So leuchtet Willemit (ein Zinksilikat) beim Nähern von Radiumsalz grün, Kunzit (ein Lithiumkaliumsilikat) rot, Flußspat weiß, letzterer phosphoresziert kurze Zeit nach der Entfernung des Radium, Apatit (Kalkphosphat) und Troostit (Zinkmangansilikat) weiß, Diamant bläulich, Salipyrin blau. Auch Chinin und Petroleum werden zur Fluoreszenz gebracht. An der Fluoreszenzerregung sind nicht immer alle Strahlenarten gleichmäßig beteiligt. Der Diamant und die Sidotblende (hexagonal kristallisiertes Zinksulfid) ist für α-Strahlen sehr empfindlich, der Kunzit und Willemit hingegen mehr für β-Strahlen.

Sobald unser Auge durch längeres Verweilen in einem dunklen Raum die Dunkeladaption erlangt hat, wird die durch Nähern von Radium hervorgerufene Fluoreszenz sichtbar.

ELSTER und GEITEL sowie CROOKES beobachteten, daß durch die α-Strahlen nicht ein Aufleuchten des ganzen Sidotblendenschirmes erfolgt, sondern daß jedes α-Teilchen für sich beim Anprall einen Lichtblitz, Szintillation genannt, verursacht. Das nach den Angaben CROOKES' zusammengestellte Spinthariskop (Abb. 22) besteht aus einem mit Lupe versehenen Rohr, in welchem ein mit Sidotblende beschickter Schirm und vor demselben innerhalb der Reichweite der α-Strahlen auf einem Metalldraht eine Spur Radium, bzw. Polonium angebracht ist. Sieht man nach Abdunklung des

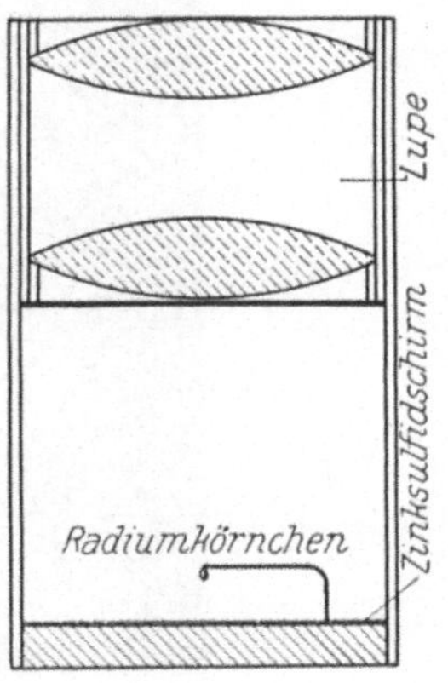

Abb. 22. Spinthariskop

Raumes durch die Lupe, so beobachtet man ein prächtiges Funkensprühen; das Bild ähnelt einem nachtschwarzen Himmel mit in schwingender Bewegung befindlichen Sternen (Abb. 23). Da jedes einzelne α-Teilchen für sich einen Funken auslöst, war es auch möglich, die α-Teilchen zu zählen, welche von einem bekannten Quantum Radium ausgesendet werden, und so die LOSCHMIDsche Zahl, welche besagt, daß in 1 cm³ jedes beliebigen Gases $2,7 \cdot 10^{19}$ Moleküle enthalten sind, experimentell zu bestätigen. Durch direkte Zählung konnte festgestellt werden, daß 1 g Radium im Gleichgewicht pro Sekunde $3,4 \cdot 10^{10}$ α-Teilchen aussendet.

Zur Kontrolle der aus dem Leihverkehr zurückgestellten Radiumträger kann man sich eines einfachen, dem Kryptoskop der Röntgenologen
nachgebildeten Apparates bedienen. Ein innen schwarz ausgekleideter
Zylinder aus Pappe, dessen eine Grundfläche entfernt ist, von zirka

Abb. 23. Das im Spinthariskop sichtbare Bombardement eines
Zinksulfidschirmes durch α-Strahlen. (Nach CROOKES)

15 cm Höhe und zirka 5 cm Grundflächendurchmesser, ersetzt das Kryptoskop. Die Grundfläche ist innen mit Bariumplatinzyanür oder phosphoreszierendem Zinksulfid belegt. Nähert man einen Radiumträger
der phosphoreszierendem Grundfläche von außen, so kann man im tag-
hellen Raum ein Aufleuchten des Schirmes beobachten.

XIV. Die Verfärbung von Glas und Edelsteinen durch Radiumstrahlen

Durch die Strahlen des Radium werden Mineralien, insbesonder Edelsteine, verfärbt, Steinsalz gelb, Glas braun oder violett. Die Verfärbung wird auf Umwandlung von Metallionen in Atome, demnach auf Entladung zurückgeführt (STEFAN MEYER und PRZIBRAM).

Beim Steinsalz wird die absorbierte Strahlungsenergie für die Losreißung eines Elektrons vom Chlorion und Anlagerung an das Natriumion aufgebraucht, wodurch Natrium- und Chlorionen in neutrale Atome umgewandelt werden. Bekanntlich sind in Kristallen die Atome, bzw. Ionen in gesetzmäßigen, geometrischen Anordnungen verteilt. Im Steinsalz sind es winzige Elementarraumwürfelchen, deren Eckpunkte und Flächenmitten mit Natrium- und Chlorionen besetzt sind. Im Natriumion kreisen 11 Elektronen um den Atomkern in 3 Gruppen zu $2 + 8 + 1$, im Chloratom 17 Elektronen zu $2 + 8 + 7$ verteilt. Das positive Natriumion hat 10 Elektronen zu $2 + 8$, das negative Chlorion 18 Elektronen zu $2 + 8 + 8$. Die einfallende Strahlung übt eine Stoßwirkung aus, entreißt dem Chlorion 1 Elektron, welches sich an das Natriumion anlagert, denn die Energie der Radiumstrahlung überragt weit die Elektronenaffinität der Chloratome.

Daß es sich bei verfärbtem Glas, bzw. Mineralien, um eine feste Lösung von Metallatomen handelt, dafür spricht auch der Parallelismus der durch Strahlung verursachten Färbung der verschiedenen Alkalimetall- und alkalischen Erdmetallborate mit den Farben der von SVEDBERG hergestellten ätherischen kolloiden Lösungen der betreffenden Metalle. Durch Radiumbestrahlung verfärbte Gläser oder Mineralien werden durch Quarzlampe, Sonnenlicht oder Erhitzen entfärbt, indem Elektronen durch langwelligeres Licht von den Alkalimetallatomen losgelöst und letztere in Ionen rückgebildet werden.

Es handelt sich demnach bei den Verfärbungen um einen umkehrbaren Prozeß, eine Wanderung von äußeren Elektronen. Eine weitere Stütze findet die Annahme von fein verteilten Alkali- oder alkalischen Erdmetallatomen in den verfärbten Gläsern und Mineralien dadurch, daß man durch intensive Bestrahlung von Steinsalzkristallen mit Kathoden- oder Radiumstrahlen zunächst gelbe Kristalle erhält, deren Gelbfärbung durch Erwärmen auf zirka 200^0 C in Blau übergeht. Ebenso erhält man durch Einwirkung von Natriumdampf auf Steinsalzkristalle zunächst eine Verfärbung in Gelb, die wiederum bei vorsichtigem Erwärmen einer Bläuung Platz macht. Auch gibt es naturelles Steinsalz mit blauen Einschlüssen, deren Entstehen nicht etwa auf Verunreinigung mit färbenden Metallen, wie Mangan, Eisen, Kobalt, sondern auf radioaktive Strahlungswirkung zurückzuführen ist.

XV. Chemische Wirkungen

Die Strahlen des Radium üben die mannigfaltigsten chemischen Wirkungen aus: Luft wird ozonisiert; an der Ozonbildung sind hauptsächlich die α-Strahlen mit ihrem hohen Ionisierungsvermögen beteiligt. Deshalb riechen offene Radiumpräparate und Lösungen nach Ozon. Wasser wird elektrolysiert, so daß jede gasdicht verschlossene Radiumchloridlösung neben Helium und Emanation, Wasserstoff-, Sauerstoff-, Chlorgas enthält. Die Zersetzung des Wassers soll nach folgender Gleichung vor sich gehen:

$$2\,H_2O = H_2 + H_2O_2$$

Aus Chlorwasserstoff- und Radiumchloridlösung wird Chlor frei.

Ein Teil des frei gewordenen Wasserstoffes gibt mit Sauerstoff Wasserstoffsuperoxyd. In jeder wässerigen Lösung wird durch die Strahlung Wasserstoffsuperoxyd gebildet, ein Teil desselben wird wiederum durch die Strahlung zersetzt und dadurch Sauerstoff abgespalten.

Phosphor wird aus der gelben in die rote Modifikation übergeführt, Fette und Vaselin verbrennen langsam unter Abgabe von Kohlensäure, Benzoesäure geht in Salizylsäure, Santonin in Photosantonin über.

XVI. Wirkung auf Kolloide

Auch der kolloide Zustand wird durch die Strahlung beeinflußt. Die positiv geladenen Kolloide von Eisen- und Cerhydroxyd werden infolge Entladung durch die negativen β-Strahlen aus den Solen ausgefällt. Die Veränderungen, welche bei negativ geladenen Kolloiden, z. B. bei Gold- und Silberhydrosol, festgestellt wurden, sind als Störungen des Dispersitätsgrades aufzufassen, da eine Verdichtung, bzw. Formveränderung der Kolloidteilchen ultramikroskopisch nachweisbar ist.

Die chemischen Wirkungen sind teils sekundäre, d. h. beruhen auf Oxydation durch das gebildete Ozon oder Wasserstoffsuperoxyd, teils primärer Natur, direkte Ionisierungen, bzw. intramolekulare Umwandlungen durch Anprall der Strahlung (Fernau und Pauli).

XVII. Biologische Wirkungen

Die biologischen Wirkungen des Radium sind in vieler Hinsicht denen des ultravioletten Lichtes ähnlich. Albumin wird zur Gerinnung gebracht, Bakterien und Protozoen werden in ihrem Wachstum gehindert, schließlich abgetötet. Radiumstrahlung wirkt ähnlich wie ein Gift, in kleinen Dosen anregend und zu Wachstum reizend, in großen Dosen zerstörend. Interessant sind die Befunde Hertwigs an Keimzellen.

HERTWIG bestrahlte Samenfäden, bevor sie zur Befruchtung normaler Eier verwendet wurden, und umgekehrt Eier von Seeigeln und Fröschen, bevor diese mit normalen Spermatozoen zusammengebracht wurden. In beiden Fällen waren die nach Befruchtung ausgeschlüpften Embryonen in ihrem Wachstum gestört, pathologische Formen traten auf. Die Schädigung, welche die Spermatozoen oder die Eier durch die Bestrahlung erlitten, gingen bei der Befruchtung auf die Embryonalzellen über. Diese selektive Wirkung der Radiumstrahlung auf das Keimplasma ist auch für das Ovarium, bzw. die Hoden des Menschen festgestellt.

Durch Untersuchungen an lebenden Zellen (ALBERTI und POLITZER) ist nachgewiesen, daß Zellen im Stadium der Mitose am strahlenempfindlichsten sind, womit auch die selektive Wirkung der Radium- und Röntgenstrahlen auf das Karzinomgewebe, welches sich aus mit Riesenwuchsenergie behafteten mitotischen Zellen zusammensetzt, erklärt werden kann. Die Radiumstrahlen beeinflussen, sowie die Röntgenstrahlen, ganz besonders das Blutsystem, und zwar verhalten sich alle drei Strahlenarten und Radioelemente gleichartig. Geringe Strahlendosis ruft Leukozytose, hinreichend große Dosis Leukopenie hervor (BRILL und ZEHNER, LEVY). Im allgemeinen gilt betreffs des Einflusses auf den menschlichen Organismus die Regel, daß kleine Dosen anregend, umstimmend, große Dosen zerstörend wirken. Andauernde oder intensive Einwirkung der durchdringenden Radiumstrahlen haben Atrophie, Keratosen der Haut, Nekrosen, schließlich Ulzerationen zur Folge; tiefgreifende Schädigung, ja sogar Fälle von Zerstörung des Knochenmarkes mit dadurch ausgelöster aplastischer Anämie wurden in den schlimmsten Fällen beobachtet.

Auch auf Pflanzenorganismen übt Radium Wirkungen aus. So werden in der Ruheperiode befindliche Winterknospen durch entsprechende Bestrahlungsdosen zum Austreiben gebracht. Noch belebender als Bestrahlung wirkt nach MOLISCH nicht zu stark emanationshältige Luft auf das Pflanzenwachstum.

PAULI und FERNAU konnten durch feinste viskosimetrische Messungen die durch Radiumstrahlung hervorgerufenen Zustandsänderungen des Cerihydroxydsols zeitlich verfolgen. Das Sol erwies sich als äußerst strahlenempfindlich: 2 cm³ des Sols erstarrten nach 18stündiger Bestrahlung mit 79 mg Radiumelement zu einer glashellen Gallerte. Der Gallertisierung geht ein Depressionsstadium, ein Abfall der Viskosität, voraus. Rückbildung von Neutralteilchen aus Ionen hat stets einen Reibungsabfall zur Folge, denn die primäre Wirkung der β-Strahlen des Radium auf das Sol war eine Entladung der Kolloidionen. Die entstandenen Neutralteilchen treten später zusammen, und es entsteht eine Gallerte. Unabhängig von der Strahlenwirkung wurde auch der Verlauf der Dehydratation des Sols beim Altern mittels Viskositäts- und Leitfähigkeitsmessungen zeitlich verfolgt. Aus dem Verhalten dieses Kolloids

gegenüber der β-Strahlung konnten einige Schlüsse bezüglich der Strahlenwirkung auf die Körperkolloide gezogen werden. Jedenfalls spielen
Ladungswechsel, Hydratationsprozesse, Quellungen, Flüssigkeitsver-
schiebungen zwischen Blut und Gewebe, Änderung der Zellwanddurch-
lässigkeit eine Rolle bei der Strahlenwirkung auf den Organismus.

Von obigen Autoren konnte auch am durch Elektrodialyse salz-
und globulinfrei gemachten Serumalbumin gezeigt werden, daß der durch
Bestrahlung hervorgerufenen Koagulation Zustandsänderungen des
Albumins bei noch augenscheinlich unveränderter, klarer Lösung voran-
gehen. Diese Wirkungen ließen sich durch die Erniedrigung der Ge-
rinnungstemperatur und Erhöhung der Alkoholfällbarkeit nachweisen.
So zeigten Proben einer 1,2%igen Albuminlösung, welche ursprünglich bei
55^0 C koagulierte und nach einer Bestrahlungsdauer von 3 Tagen
20 Stunden (mit 79 mg Radiumelement) auszuflocken begann,

$$\text{nach} \quad 7 \text{ Stunden beginnende Trübung bei } 53^0 \text{ C}$$

„	14	„	„	„	„ 51⁰ C
„	22	„	„	„	„ 49⁰ C
„	40	„	„	„	„ 48⁰ C

Fernau konnte an einigen Modellreaktionen, wie: Inversion einer
Rohrzuckerlösung, Koagulation einer Albuminlösung, Gallertebildung
des Cerihydroxydsols, die analoge Wirkung von Radiumstrahlung und
Ozon erweisen. Es ist daher in manchen Fällen nicht feststellbar, ob
es sich um eine primäre Strahlenwirkung handelt oder um eine sekundäre,
hervorgerufen durch das von der Strahlung in wässerigen Lösungen erzeugte Ozon und Wasserstoffsuperoxyd. Wenn die jeweilig vorhandenen
Mengen an Ozon auch sehr gering sind, so kommt es hier zu einer
Summation von Einzelwirkungen, weil ein Gleichgewichtszustand zwischen
Bildung und Zerfall des Ozons bzw. Wasserstoffsuperoxyds vorhanden
ist und die fortwährende Bildung und Spaltung von Ozon (Sauerstoff in
statu nascendi) starke Effekte hervorzurufen vermag.

Einige Autoren suchen die Wirkung der Strahlung auf den Tier- und
Pflanzenorganismus vorzüglich der Zersetzung des Lezithins, bzw. der
Abspaltung von Cholin zuzuschreiben. Eigene Versuche sprechen nicht
für diese Annahme. Selbst bei Anwendung der allerempfindlichsten
physikalisch-chemischen Untersuchungsmethoden, wie Wasserstoffionen-
konzentrations- und Leitfähigkeitsmessungen, ist nach intensiver, wochen-
langer Bestrahlung von Lezithinemulsion nur eine minimale Spaltung
feststellbar. Dieselbe ist aber viel zu gering, um die tiefgreifenden
Wirkungen auf das Zellgewebe zu erklären. Die Hauptangriffspunkte
der Radiumstrahlen sind nach eigenen Versuchen an Serum- und
Eialbumin offenbar die verschiedenartigen Eiweißstoffe im lebenden
Organismus.

Von größtem Interesse ist der Befund ZWAARDEMAKERS, daß die Wirkung des Kaliums auf die Automatik der Herzpulsation seiner β-Radioaktivität zuzuschreiben ist. Wird das Kaliumchlorid in der Ringerlösung durch strahlenäquivalente Mengen radioaktiver Elemente, wie Uran, Radium, Emanation, Thorium usw. ersetzt, so beginnt das in der kalifreien Ringerlösung stillstehende Froschherz zu pulsieren.

XVIII. Dosierung in der Therapie

Die Intensität der von den stärksten Radiumpräparaten ausgesandten γ-Strahlung ist gegenüber derjenigen der Röntgenstrahlung gering. Wenn trotzdem mit Radium bedeutende Erfolge erzielt werden, so handelt es sich um einen durch Summierung von Einzelwirkungen, also in längerer Bestrahlungsdauer, erreichten Endeffekt und die Möglichkeit, die Strahlungsquelle in Körperhöhlen und in das Gewebe bringen zu können. Eigene Versuche zeigten, daß mit einem 100 mg Radiumelement enthaltenden Platinröhrchen der Wandstärke 0,3 mm in einer

0 cm Distanz erst nach	2 stündiger Bestrahlung	4 H
1 ,, ,, ,, ,, 24	,, ,,	4 H
3 ,, ,, ,, ,, 24	,, ,,	2 H
8 ,, ,, ,, ,, 18	,, ,,	1 H
8 ,, ,, ,, ,, 48	,, ,,	2 H
8 ,, ,, ,, ,, 96	,, ,,	3 H

erzielt werden.

Wie PAULI und FERNAU an Eiweißlösungen feststellen konnten, ist es nicht die primäre γ-Strahlung sondern die bei Ausschaltung der primären β-Strahlung durch 0,3 mm Platin und 3 mm Messing in diesen Metallfiltern durch die γ-Strahlung hervorgerufene sekundäre β-Strahlung, welche durch Summation von Einzelimpulsen Veränderungen am Eiweiß zur Folge hat. Bei Nichtausschaltung der primären β-Strahlung wurden nach 18- bis 24 stündiger Bestrahlungsdauer Effekte festgestellt, die mit der γ-Strahlung (bei Ausschaltung der primären β-Strahlung) erst nach Wochen auftraten. Trotz ihrer Wesengleichheit ist der therapeutische Effekt durch Röntgen- und Radiumstrahlen in einzelnen Krankheitsfällen sehr verschieden.

Eine Dosierung der Radiumstrahlung wie die der Röntgenstrahlung nach Holzknecht-Einheiten hat sich als unausführbar erwiesen: Man dosiert nach Milligramm/Stunden. Unter Milligramm/Stunden versteht man das Produkt aus Milligramm Radiumelement mal der Zeit in Stunden. Bei plattenförmigen Radiumträgern ist die Milligramm/Stundeneinheit sinngemäß auf 1 cm² Fläche zu beziehen. Es ist jedoch nicht der gleiche Effekt, wenn man 1 Stunde mit 10 mg Radiumelement oder 10 Stunden mit 1 mg bestrahlt, trotzdem sich die gleiche Dosis in Milligramm/Stunden berechnet. Für jeden einzelnen Krankheitsfall muß die Dosierung vom behandelnden Arzte auf Grund reichlicher Erfahrung, also rein empirisch bemessen werden. Die Bestimmung für den Erhalt eines Erythems — der sogenannten Erythemdosis — muß für jeden einzelnen Radiumträger ein für allemal festgestellt sein. Die Erythemdosis hat aber nur beschränkte Bedeutung.

Die Behauptung, daß es bei Tumorbestrahlungen eine Reizdosis gibt, welche nicht unterschritten werden darf — dieselbe wird von KEHRER gleich der Strahlungsintensität von 0,8 mg Radiumelement unmittelbar an der erkrankten Gewebsstelle angegeben — wird von vielen Radiologen negiert. Ebenso steht die Frage, ob die Strahlenwirkung durch einen Reiz (Änderung eines bestehenden Zustandes) oder durch Beseitigung übergeordneter Hemmungen ausgelöst wird, zur Diskussion.

XIX. Die Verwendung des Radium in der Medizin

Radium findet eine vielseitige Anwendung. Man injiziert Radiumchloridlösung, aktiviert mit der aus einer Radiumlösung abgetrennten Emanation Wasser. Solche künstliche Emanationswässer, gegenüber den emanationshältigen Quellwässern in den stärksten Dosen herstellbar, finden für Trink-, Bade- und Inhalationskuren ausgebreitete therapeutische Verwendung (FALTA). Die wichtigste Bedeutung hat jedoch das Radium in der Bestrahlungstherapie der Tumoren erlangt. Bald nach der Entdeckung des Radium wurden dessen Wirkungen auf das menschliche Hautgewebe beobachtet. BECQUEREL war der erste, der sich durch längeres Tragen eines Radiumröhrchens in der Westentasche unfreiwillig eine Hautentzündung zuzog. Nach dieser Erfahrung BECQUERELS machte PIERRE CURIE einen ähnlichen Versuch an sich selbst und gab die Anregung zu dermatologischen Versuchen. WICKHAM und DEGRAIS stellten die ersten zur Bestrahlung dienenden, mit Radiumsalz beschickten Apparate, sogenannte Radiumträger, her. Auch Pflaster, auf welchem geringe Mengen von Uranrückständen oder Radiumsalz verteilt waren, wurden verwendet.

XX. Herstellung, Formen und Applikation der Radiumträger

Die ersten in Paris hergestellten Radiumträger bestanden aus einer etwa 10 mm dicken Ebonitscheibe von meist 20 mm Durchmesser, auf welcher das Radiumsalz in einer in der Mitte der Scheibe befindlichen

Vertiefung von kaum 0,5 cm² betragenden Flächeninhalt mittels Harzes fixiert war. Die Radiumsalzschichte war mit einer Glimmerplatte bedeckt und durch Anpressen eines über den Rand der Scheibe aufschraubbaren Oberteiles vor Verschiebung geschützt. Eine ähnliche Konstruktion wiesen die ersten im österreichischen Montanamt aus vernickeltem

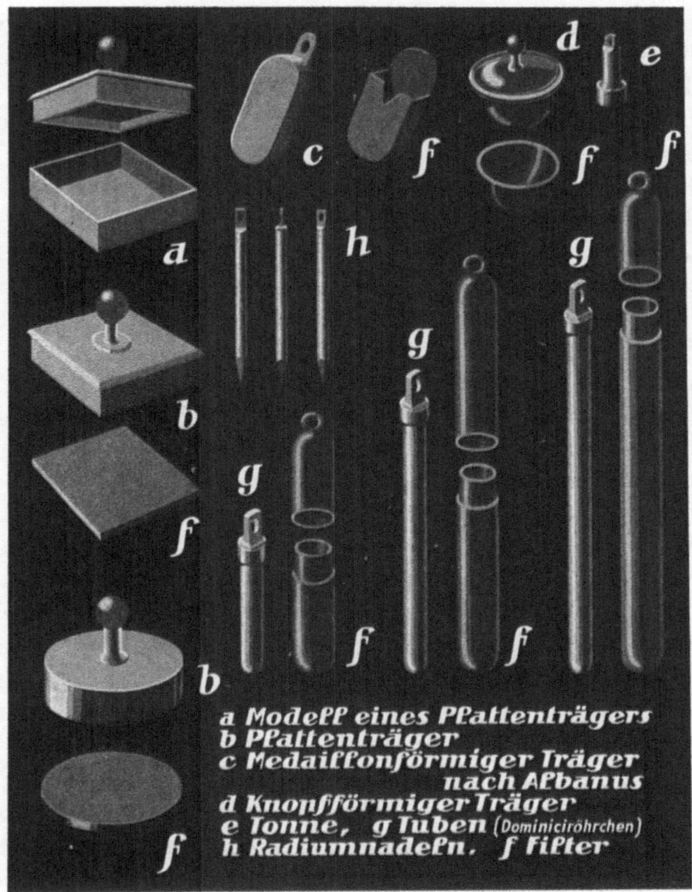

Abb. 24. Formen von Radiumträgern

(Aus Riehl und Kumer, Radium- und Mesothortherapie der Hautkrankheiten)

Messing hergestellten Scheiben auf. Zur Bestrahlung größerer Hautfelder waren solche Radiumkapseln wenig geeignet. WICKHAM und DEGRAIS sowie die Radiumbank in Paris führten Platten ein, auf welchen das Radiumsalz mittels eines angeblich nach Vorschrift der Frau CURIE hergestellten schwarzen, säure- und alkoholbeständigen Lackes fixiert war.

Dr. DAUTWITZ in Joachimsthal führte die sogenannten Joachimsthaler Lackscheiben ein, kreisrunde Metallplatten, auf welchen hochprozentiges Radiumkarbonat mittels speziellen Lackes geradezu kunstvoll und vollkommen gleichmäßig verteilt ist.

Für dermatologische Zwecke verwendet man neben Röhrchen noch flächenförmige Träger, sogenannte Platten, mit mindestens 5 mg Radiumelement pro 1 cm² Fläche. Mit Rücksicht darauf, daß bei Bestrahlung größerer Hautflächen, wie z. B. bei Naevus, mit runden Platten von der Strahlung unbeeinflußte Zwischenräume übrigbleiben, die sich kosmetisch schlecht abheben, sind rechteckige oder quadratische Platten vorteilhafter. Selbst unregelmäßige Hautfelder lassen sich leichter lückenlos in kleinere Rechtecke oder Quadrate zerlegen.

Die Metallunterlage der Platten besitzt eine fast unmittelbar bis zum Rande reichende Vertiefung von zirka 1 mm, welche Raum für die Radiumsalzschichte zu schaffen hat. Die Fixierung des Radiumsalzes an die Metallfläche erfolgt durch Harz. Die Rückwand der Platten ist zur möglichsten Vermeidung der Rückstrahlung 4 bis 5 mm stark und behufs Fixierung bei der Applikation am Kranken mit einem kleinen aufschraubbaren Knöpfchen versehen.

Um das Verhältnis zwischen Oberflächen- und Tiefenwirkung besser zu gestalten, fixiert man den Radiumträger in einer gewissen 1 bis 5 cm von der zu bestrahlenden Hautfläche betragenden Entfernung mittels eines pyramiden- oder kegelstumpfartigen Trichters (RIEHL und KUMER). Dadurch wird die Strahlungsintensität entsprechend dem Gesetz der Entfernungsquadrate vermindert, anderseits die Grundfläche des Strahlungskegels vergrößert und die Möglichkeit gegeben, ein ausgedehnteres Hautfeld zu bestrahlen. Bei direktem Anlegen der Platte an die Haut bedient man sich der Wischmethode, bei der man die Platte auf dem Hautfeld herumbewegt oder mit der Platte nach Bestrahlung einer Teilfläche wandert, bis das ganze Hautfeld durchbestrahlt ist.

Bei einzelnen Hauterkrankungen ist die Verwendung weicher β-Strahlung vorteilhaft und aus diesem Grund arbeitet man auch mit Platten, deren Radiumsalzschichte nur durch ein Glimmerfenster von 0,05 mm Dicke geschützt bzw. gefiltert ist oder mit offenen Lackscheiben.

Obwohl mit Glimmerträgern und Lackscheiben bei oberflächlichen Erkrankungen in viel kürzerer Bestrahlungsdauer dieselbe Wirkung erzielt wird wie bei mit Metallfenster versehenen Platten, werden dieselben nur selten angewendet.

Mit Lackscheiben sowie mit den Glimmerträgern wurden unliebsame Erfahrungen gemacht. Der spröde Radiumlack springt mit der Zeit ab, wird mit der bei der Bestrahlung verwendeten Guttaperchapapierverhüllung abgerissen und es geht ein beträchtlicher Teil des Radiumlackes unwiederbringlich verloren. Beim Auflegen von Lackscheiben ist infolge der Körperwärme ein Ankleben des Lackes nicht zu vermeiden. Auch die in Paris und in Pittsburg hergestellten Lackplatten sind nicht haltbarer. Mit Glimmerplatten bedeckte Träger können selbstverständlich nur für nicht nässende Hautfelder verwendet werden. Trotz vorgedruckter Anleitung (die häufig nicht gelesen wurde) kamen solche zur Bestrahlung von Zungenkrebs usw. in Verwendung und wurden von den Patienten unwillkürlich mit den Zähnen beschädigt, so daß wiederholt Stücke von Radiumsalz verloren gingen.

Man schützt die Radiumsalzschicht bzw. filtriert die Strahlen durch Auflöten eines 0,1 mm starken Messingfensters. Silber ist zu weich und wird rasch durch Schwefelwasserstoffgas schwarz und brüchig.

Wegen der unvermeidlichen Verluste von Radiumsalz werden daher Lackträger nicht mehr hergestellt. Man schaltet je nach Bedarf 6 bis 12 Radiumglasröhrchen oder mit Radiumsalz gefüllte sogenannte Zellen aus Aluminium oder Platin, Wandstärke 0,1 bis 0,2 mm, parallel in einem aus vernickelten Messing oder Neusilber hergestellten Behälter, dessen Wandungen 0,2 bis 0,5 mm stark sind.

Statt der Lackplatten werden auch Emailplatten hergestellt, bei welchen hochprozentiges Radiumsulfat oder Karbonat in einer bei niedriger Temperatur hart werdenden Emailmasse verteilt ist.

Behufs Einführung in Körperhöhlen und Geschwulste verwendete als erster DOMINICI röhrenförmige Träger aus Silber, auf welchen das Radiumsalz mittels Lackes auf der Oberfläche des Röhrchens aufgetragen und die Radiumschichte durch einen aufschraubbaren silbernen Hohlzylinder geschützt war. Die kleine Oberfläche der Röhrchen gestattete jedoch nur die Einverleibung weniger Milligramm Radium.

Es wurden deshalb Silber- oder Platinröhrchen hergestellt, welche größere Mengen Radiumsalz fassen konnten. Das Radiumsalz wurde direkt in das Röhrchen eingewogen und der Verschluß durch Aufschieben einer Kappe und Lötung besorgt.

Silberröhrchen haben sich nicht bewährt, sie werden durch die schwefelhältigen Körpergase bald schwarz, infolge der Weichheit des Silberbleches plattgedrückt. Der Verschluß durch Verlöten ist nicht unbedenklich, da die Verlötung infolge Oxydation des Zinnes oder aus mechanischen Gründen aufgehen kann. Auch ist der Lötvorgang nicht ungefährlich, denn es kann, sobald das Auftragen des Zinnlotes mittels des heißen Lötkolbens nicht auf die zu verlötende Stelle beschränkt und ein zu großer Teil des Röhrchens überflüssig erhitzt wird, Radiumsalz wie aus einer Luftpistole herausgeschleudert werden. Durch Ungeschicklichkeit eines Verlöters gingen in Wien schon zweimal, in einem Fall 14 mg, im anderen Fall 13 mg Radium verloren. Auch ist bei solcher direkter Füllung in das Metallröhrchen nicht genügende Gasdichte desselben zu erreichen, so daß die dem Radiumgehalte entsprechende Strahlung durch Entweichen von Emanation vermindert wird, denn die Verlötung schließt selten gasdicht ab. Auch wird das Radiumsalz durch Eindringen von Sekret feucht, was eine noch stärkere Entweichung von Emanation sowie Knallgasbildung zur Folge haben kann.

Zur Herstellung von Röhrchen ist unbedingt abzuraten das Radiumsalz direkt in ein Metallröhrchen zu füllen und behufs Verschlusses eine Kappe aufzulöten. Die einwandfreie Herstellung von Röhrchen erfolgt in der Weise, daß das vollkommene wasserfreie Radiumsalz zunächst in ein passendes Glasröhrchen eingewogen und letzteres zugeschmolzen wird.

Da Radiumsalz, wenn isoliert, sich durch den Verlust von Elektronen bei der β-Strahlung positiv aufladet und infolge plötzlicher Entladung Zersprengungen von Röhrchen vorkamen, ist es ratsam, in den Boden des Glasröhrchens ein zirka 1 mm in das Radiumsalz hineinragendes Platindrähtchen einzuschmelzen.

Das Glasröhrchen wird in ein genau passendes Gold- oder Platinröhrchen von 0,2 bis 0,3 mm Wandstärke gebracht und ist durch eine aufschraubbare Kappe verschließbar. Um jedoch das Radium noch besonders gegen das Aufschrauben neugieriger Patienten zu sichern, wird die Kappe angelötet. Bei dieser Art der Füllung ist ein Knallgas- und Lötunfall ausgeschlossen und Emanationsdichte gewährleistet. Auch für eichel- und stäbchenförmige Träger läßt sich ein entsprechendes Glasgefäß blasen. Nur bei für die Bestrahlung des Gehörapparates sowie der Hypophysis bestimmten Trägern und bei Nadeln sind allerdings die Dimensionen so klein, daß direkt in den Hohlraum gefüllt werden muß.

Was die Natur des Radiumsalzes betrifft, so kann zur Beschickung von Platten nur amorphes Radiumsalz, Radiumkarbonat oder -sulfat Verwendung finden, da sich Radiumchlorid wegen der Kristallstruktur nicht gleichmäßig auf Platten verteilen läßt. Es ist unökonomisch, hochprozentiges Radiumsalz auf Platten zu verarbeiten, da der unvermeidliche Gebahrungsverlust, der normal 3% beträgt, mit der Konzentration des Radiumsalzes steigt. In Glasröhrchen kann man hochkonzentriertes Radiumsalz fast ohne Verlust füllen und Röhrchen kleinster Dimensionen herstellen.

Auflegesäckchen, d. s. mit radioaktivem Pulver gefüllte, zur Vermeidung der Verschiebung desselben gesteppte Stoffsäckchen, werden hie und da bei rheumatischen Affektionen verwendet. Zur Füllung eignen sich die nach Behandlung der Pechblende mit verdünnter Schwefelsäure zurückbleibenden uranfreien Rückstände, welche das Radium gegenüber der ursprünglichen Pechblende rund dreifach angereichert enthalten. Ein Kilogramm Pechblende hinterläßt gegen 300 g Rückstand, in welchem sämtliches Radium als Sulfat verblieben ist. Diese Säckchen, je nach der Ausdehnung des schmerzhaften Körperteiles dimensioniert und etwa

50 bis 500 g Rückstände enthaltend, werden tage- und wochenlang an der schmerzhaften Stelle belassen. Trotz ihrer geringen Aktivität, die im Kilogramm rund 0,4 mg Radiumelement entspricht, werden in einzelnen Fällen, offenbar durch Dauerwirkung, überraschende Heilerfolge erzielt.

XXI. Über Radiumpunktur

Für die Bestrahlung von Tumoren ist eine gleichmäßige Durchstrahlung des kranken Gewebes anzustreben. Die Versenkung eines einzigen, noch so starken Radiumröhrchens in die Mitte des Tumors oder Anlegen an die Oberfläche desselben hat auf Grund des Gesetzes der Entfernungsquadrate eine ungleichmäßige Bestrahlung zur Folge (LAHM, KEHRER, LÜSCHER). Bezeichnet man die Strahlungsintensität in der Entfernung

Abb. 35. Radiumnadel mit Widerhaken
(Nach LÜSCHER)

1 cm von der punktförmig gedachten Strahlungsquelle mit 1, so ist

in 2 „ Entfernung nur noch $\dfrac{1}{2^2}$

in 3 „ „ „ „ $\dfrac{1}{3^2}$

in 10 „ „ „ „ $\dfrac{1}{10^2} = 1\%$ vorhanden.

Für flächen- oder röhrchenförmige Radiumträger sind diese Werte für die Abnahme der Strahlung nur annähernd gültig und je nach Form und Abmessung des Radiumpräparates zu ermitteln (SIEVERT, HESS).

Diesem Übelstand der ungleichen Bestrahlung suchte man früher durch sogenannte Kreuzfeuerbestrahlung, d. h. Anlegen von mehreren Röhrchen oder Platten an verschiedenen Stellen des Tumors, abzuhelfen. Zweckmäßiger hat man jetzt die „Radiumpunktur", das Einstechen einer hinreichenden Anzahl mit kondensierter Emanation gefüllter Glaskapillaren oder Radiumsalzhältiger Hohlnadeln aus Platin oder rostfreiem Stahl von der Wandstärke 0,2 bis 0,5 mm in das Tumorgewebe eingeführt. Da Nadeln aus reinem Platin zu leicht verbogen werden, verwendet man eine Legierung von Platin mit 10% Iridium. Man verteilt eine genügende Anzahl solcher Nadeln in Entfernung von 1 bis 2 cm voneinander im Tumorgewebe, in anderen Fällen bespickt man nur die Randpartien des Tumors mit Nadeln, weil dadurch eine genügende Bestrahlung der Grenzen des Neugebildes, der Wachstumszone, gleichzeitig eine ausreichende Bestrahlung des Zentrums, welches von allen Seiten Strahlen erhält, gewährleistet ist.

Da mitotische Zellen am strahlenempfindlichsten sind, halten es viele Radiologen für richtiger, statt mit starken Dosen in 2 bis 3 Sitzungen zu behandeln, mit geringeren Dosen wiederholt zu bestrahlen. Bei diesem Verfahren ist die Wahrscheinlichkeit, alle mitotischen, auch die bei den ersten Bestrahlungen resistenten, und die mittlerweile nachgewachsenen Zellen zu treffen, größer.

XXII. Über Emanationsglaskapillaren

Die Herstellung von reiner, kondensierter Emanation gelang zuerst RAMSAY und RUTHERFORD. Ein neuerer Apparat, von der U. S. Radium-

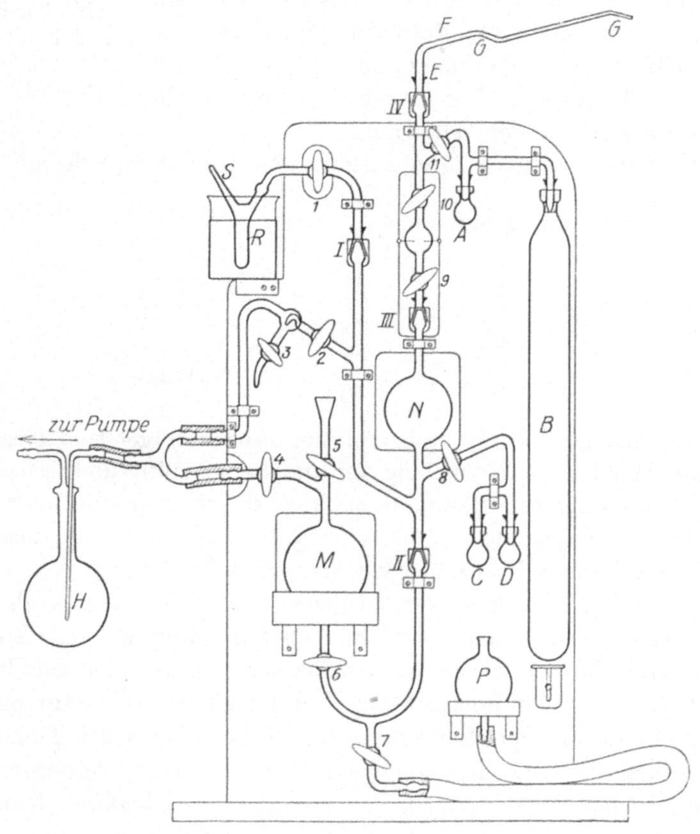

Abb. 26. Apparat zur Gewinnung von kondensierter Emanation

Corporation in New York eingeführt, hat sich zur Herstellung von mit kondensierter Emanation gefüllten Glaskapillaren sehr bewährt und ist leicht zu bedienen (siehe Abb. 26).

Zunächst wird die ganze Apparatur mittels Vakuumpumpe (Zugangshähne 2 und 4) praktisch luftléer gemacht. Der die Radiumlösung enthaltende Kolben R ist durch Öffnen des Hahnes 1 mit dem evakuierten Raum in Verbindung, wodurch das emanationshältige Gasgemisch aus dem Kolben R abgesaugt und schließlich in den Raum zwischen 9 bis 10 mit Hilfe des Quecksilberniveaus aus Raum M und B gedrängt wird. In der Radiumlösung hat sich ein Gasgemisch aus Helium, Emanation, H, O, Cl oder Br, letztere Gase aus den betreffenden Radiumsalzen, und CO_2 durch Strahlenwirkung auf das Hahnfett, angesammelt. Es handelt sich jetzt darum, die fremden Gase zu entfernen. Durch Überleiten eines Funkens in der mit zwei Platinelektroden versehenen Kugel zwischen 9 bis 10 wird H und O zu Wasser verbrannt, welches an der Innenwandung haften bleibt. Wasser und Kohlensäure werden in den Phosphorpentoxyd und geglühtes Ätzkali enthaltenden Kölbchen A, C und D entfernt. Zuletzt wird ein nur noch Heliumgas enthaltendes Emanationsgas erhalten. Durch Hebung des Quecksilberreservoirs wird dieses Gasgemisch in die Kapillare F, GG gepreßt. Zur Entfernung des Heliums wird die bei G senkrecht nach abwärts gebogene Spitze der Kapillare in flüssige Luft getaucht. Emanation verflüssigt sich, Helium bleibt gasförmig. Nun wird der Apparat neuerdings evakuiert, wodurch das Heliumgas entfernt wird. Die etwa 5 bis 10 cm lange, mit reiner kondensierter Emanation gefüllte Kapillare wird nach Entfernung der flüssigen Luft der ganzen Länge nach vom Apparat abgeschmolzen und durch Unterteilung mit Spitzmikroflamme Einzelkapillaren gewünschter Länge erhalten. Es gelingt nach diesem Verfahren, leicht bis 1 Millicurie in 1 mm Kapillare zu bringen. Das ganze Verfahren kann in weniger als einer Stunde durchgeführt werden. Statt die Emanation in Kapillaren zu füllen, kann man dieselbe selbstverständlich auch in beliebig gebaute Glasbehälter von Dosen- oder Plattenform einbringen.

Die Verwendungsmöglichkeit solcher mit kondensierter Emanation gefüllter Kapillaren, welche ungefiltert oder durch Platinhülsen gefiltert statt radiumsalzhältiger Präparate gebraucht werden, beruht darauf, daß nicht das Radium, sondern erst die Umwandlungsprodukte seiner Emanation — Radium B und C — die β- und γ-Strahlung liefern. Emanationsfreies Radium ist nur α-Strahler. Der Vorteil der Emanationspräparate besteht in der Möglichkeit winziger Abmessung und dem Schutz vor Verlust des Radiumsalzes. Zu berücksichtigen ist allerdings das beständige Sinken der Aktivität entsprechend dem Zerfallsgesetz der Emanation.

Bei Bestrahlungen mit Emanationspräparaten dosiert man nach Millicuriestunden, nachdem die γ-Strahlung von 1 Millicurie derjenigen von 1 mg Radiumelement im Gleichgewicht entspricht.

In Frankreich ist die Millicurie-détruit-Einheit, welche die mittlere

Lebensdauer von 133 Stunden der Emanation berücksichtigt, üblich. 1 Millicurie détruit $= 133$ Millicuriestunden, so daß man die Millicuriestundenzahl mit $\dfrac{1}{133}$, bequemer mit $\dfrac{4}{300}$ zu multiplizieren hat, um die Millicurie-détruit-Einheiten zu erhalten. Das millicurie détruit ist ein Energiemaß und umfaßt die gesamte Zerfallsenergie, welche von dem Emanationsquantum $= 1$ Millicurie seit der Abtrennung vom Radium bis zum praktisch nach 4 Wochen eintretenden Zerfall ausgestrahlt wird.

XXIII. Filterung der Radiumstrahlen

Da nur Strahlen, die absorbiert werden, eine Wirkung ausüben können, die γ-Strahlen wegen ihrer enormen Härte das Gewebe mit geringer Absorption durchsetzen, ruft vorwiegend die primäre und die in den Metallfiltern der Radiumträger von der absorbierten γ-Strahlung hervorgerufene sekundäre β-Strahlung einen Effekt im Gewebe hervor. Allzu weiche β-Strahlung wirkt hautreizend, und man schaltet in gewissen Fällen zwischen Metallfilter und Haut Watte, Wachsmasse, Kork oder Hartgummi, um die weichsten sekundären β-Strahlen zu entfernen. Die Metallumhüllung des Radiumsalzes nimmt primäre β-Strahlung weg oder schaltet dieselbe ganz aus. Es geht dafür von dem Metallfilter eine von der Natur und Schichtdicke desselben abhängige sekundäre β-Strahlung aus, die vom Gewebe absorbiert wird. Die γ-Strahlung vermag hingegen in größere Tiefen des Gewebes einzudringen. Wenn auch die Absorption gering ist, so bedeutet ein einzelnes γ-Quant einen so großen Energiebetrag, daß pro absorbiertes Quant eine sehr große Zahl sekundärer β-Strahlenteilchen im Gewebe gebildet wird, und deren um so mehr, je härter die γ-Strahlung ist. (Siehe S. 35.) Mit der Summation der γ-Impulse in relativ langer Bestrahlungsdauer und vor allem mit der hohen Strahlenempfindlichkeit der lebenden, insbesonders mitotischen Zelle kann eine Erklärung für die Wirkung der γ-Strahlen auf die Tumorzellen gegeben werden (DESSAUER).

Nach LATTÉS-FOURNIER (Compt. rend. 1925) berechnet sich die Absorption der β-Strahlung in Aluminium, Silber, Platin, Gold und Blei nach folgender Formel:

$$\frac{\mu}{\varrho} = b\,(105 + N)$$

N bedeutet die Atomnummer

$\varrho =$ Dichte (s. S. 82)   für Ag $= 47$ für Gold $= 79$
N für Al $= 13$ für Platin $= 78$ für Blei $= 82$

b für weiche β-Strahlen 0,615   b für harte β-Strahlen 0,0348
„ „ mittlere   „   0,142   „ „ sekundäre   „   0,0547

XXIV. Die Absorption der Strahlen

Was die Absorption der α-, β- und γ-Strahlen betrifft, so wollen wir wiederholen:

Die α-Strahlen werden schon durch 0,03 mm Glas, Glimmer, 0,1 mm Wasser und Haut zurückgehalten. Die β-Strahlung wird je nach der Dichte und dem Atomgewicht des Mediums erst durch 1 mm bis 3 mm Metall, von 1,5 mm Messing, von 0,7 mm Platin vollständig absorbiert. Die harten γ-Strahlen von Radium C können selbst durch 10 cm Blei nicht vollständig abgehalten werden.

Die Halbwertsdicke für die weichere β-Strahlung des Radium beträgt rund 0,6 mm, sodaß die gesamte weichere β-Strahlung durch 6 mm Gewebe praktisch absorbiert ist. Die Halbwertsdicke für die γ-Strahlung im Gewebe wurde mit rund 50 mm ausgemessen (FERNAU).

Annähernd gilt das Gesetz, daß die Absorption mit der Dichte des durchstrahlten Mediums zunimmt; doch hängt dieselbe auch vom Atomgewicht des Metalles ab.

Die β- und γ-Strahlung nimmt exponentiell mit zunehmender Schichtdicke des durchsetzten Mediums wie die Menge der radioaktiven Substanz mit zunehmender Zeit ab. Die Schichtdicke, welche die Hälfte der Strahlung absorbiert, wird Halbierungsdicke genannt und beträgt z. B. für die härtesten γ-Strahlen von Radium C in Blei 1,4 cm.

$$1,4\ \text{cm läßt}\ \frac{1}{2}\ \text{der auftreffenden Strahlung durch,}$$

$$2 \cdot 1,4\ \text{cm} \quad ,, \quad \frac{1}{2^2} \quad ,, \qquad ,, \qquad\qquad ,, \qquad ,,$$

$$n \cdot 1,4\ \text{cm} \quad ,, \quad \frac{1}{2^n} \quad ,, \qquad ,, \qquad\qquad ,, \qquad ,,$$

Bedeutet J_d die Intensität der Strahlung nach Durchsetzen der Metallschichte von der Dicke d,

J_0 die einfallende Strahlung,

μ den Absorptionskoeffizienten, so gilt die Gleichung:

$$J_d = J_0\, e^{-\mu d}.$$

Die Werte für μ, den Zentimeter als Längeneinheit angenommen, findet man in STEFAN MEYER und E. SCHWEIDLERS „Radioaktivität".

Die β- und γ-Strahlung des Radium setzt sich aus einem Gemisch von Strahlen verschiedenster Härte zusammen. Als β-Strahler kommen praktisch Radium B, C, C'' und E in Betracht; die β-Strahlung des Radium und Radium D ist so schwach, daß sie praktisch keine Bedeutung hat. Die so oft von Ärzten gestellte Frage, wieviele Prozent der β-Strahlung von der Metallwand bzw. dem Metallfenster eines Trägers absorbiert werden, nimmt nicht darauf Bedacht, daß die β-Strahlung selbst bei ein und demselben Radiumelement aus weicheren und härteren Strahlen besteht. Die Frage kann nur für jede einzelne β-Strahlengruppe, durch den Absorptionskoeffizienten μ charakterisiert, beantwortet werden. So beträgt der Absorptionskoeffizient μ der härtesten β-Strahlen des Radium B für Aluminium 13,1, für die weichsten β-Strahlen 890, bei Radium C variiert μ von 13,5 bis 50, bei Radium E von 43,3 bis 120 (cm)$^{-1}$. Ist die Radiumsalzschichte nur mit einem Glas- oder Glimmerfenster von 0,03 mm Dicke bedeckt oder liegt eine Lackplatte vor, so werden auch die weichsten β-Strahlen durchgelassen. Wegen ihrer allzu leichten Beschädigung sind, wie bereits erwähnt, derartige Träger bei uns kaum mehr in Verwendung. Zum Schutze der Radiumsalzschichte werden unsere Platten mit einem aufgelöteten vernickelten Messingfilter von 0,1 mm bis 0,2 mm Dicke versehen, so daß die allerweichste β-Strahlung nicht mehr auftreten kann. Aluminium von 0,1 mm läßt zwar noch sehr weiche Strahlen durch, ist aber wegen seiner Empfindlichkeit gegen Wasser und speziell alkalische Flüssigkeiten, wie Serum, Eiter usw. nicht als Filter zweckmäßig. Aber auch die γ-Strahlen, als deren Träger Radium B, Radium C und C'' in Betracht kommen, besteht aus Strahlen verschiedener Härte. Die härtesten γ-Strahlen von Radium C besitzen für Aluminium den Absorptionskoeffizienten μ 0,11 (cm)$^{-1}$, für die weichsten γ-Strahlen von Radium C ist $\mu = 0,51$ (cm)$^{-1}$.

Die Absorption der härtesten β-Strahlen von Radium B und der γ-Strahlen von Radium B und C in einigen Metallen wollen wir in folgender Tabelle anführen:

Tabelle 3.　Absorption der härtesten β-Strahlen von Radium B

Schicht dicke mm	$\mu = 13,1$ (cm)$^{-1}$ $\dfrac{\mu}{\varrho} = 4,48$ Aluminium	$\mu = 37,4$ (cm)$^{-1}$ Messing	$\mu = 47$ (cm)$^{-1}$ Silber	$\mu = 51,07$ (cm)$^{-1}$ Blei	$\mu = 96,3$ (cm)$^{-1}$ Platin
0,1	0,878	0,687	0,625	0,600	0,383
0,2	0,770	0,473	0,391	0,360	0,145
0,3	0,675	0,326	0,244	0,216	0,055
0,4	0,594	0,224	0,153	0,130	0,021
0,5	0,520	0,154	0,095	0,078	0,008
0,6	0,455	0,106	0,060	0,046	0,003
0,7	0,400	0,072	0,037	0,028	0,001
0,8	0,350	0,050	0,023	0,017	0,000
0,9	0,307	0,034	0,015	0,010	
1	0,269	0,023	0,009	0,006	
1,5	0,140	0,003			
2	0,073	0,000			
2,5	0,037				
3	0,019				

Die Zahlen geben die durchgelassene Strahlung an; die ursprüngliche (auffallende) Strahlung $= 1$ gesetzt.

$$\mu : \mu_1 = \varrho : \varrho_1 \qquad \varrho = \text{Dichte}$$

$$\mu_1 = \frac{\mu}{\varrho} \cdot \varrho_1 \qquad \mu = \text{Absorptionskoeffizient}$$

$$\text{z. B. } \mu \text{ Messing } 4{,}48 \cdot 8{,}35 = 37{,}4 \ (\text{cm})^{-1}$$

Die μ-Werte in Aluminium sind STEFAN MEYERS und EGON SCHWEID-LERS „Radioaktivität" entnommen; die übrigen μ-Werte nach dem Absorptionsgesetz berechnet.

Tabelle 4. Absorption der härtesten γ-Strahlen von Radium B

Schicht-dicke mm	$\mu = 0{,}51$ $(\text{cm})^{-1}$ $\frac{\mu}{\varsigma} = 0{,}189$ Aluminium	$\mu = 1{,}578$ $(\text{cm})^{-1}$ $\frac{\mu}{\varsigma} = 0{,}189$ Messing	$\mu = 1{,}98$ $(\text{cm})^{-1}$ $\frac{\mu}{\varsigma} = 0{,}189$ Silber	$\mu = 1{,}98$ $(\text{cm})^{-1}$ $\frac{\mu}{\varsigma} = 0{,}189$ Blei	$\mu = 4{,}06$ $(\text{cm})^{-1}$ $\frac{\mu}{\varsigma} = 0{,}189$ Platin
0,1	0,995	0,985	0,980	0,978	0,960
0,2	0,990	0,970	0,960	0,957	0,923
0,3	0,985	0,953	0,941	0,936	0,886
0,4	0,980	0,938	0,923	0,918	0,852
0,5	0,975	0,923	0,904	0,893	0,818
0,6	0,970	0,909	0,886	0,879	0,786
0,7	0,966	0,895	0,870	0,860	0,755
0,8	0,960	0,880	0,854	0,842	0,726
0,9	0,955	0,867	0,837	0,823	0,697
1	0,951	0,854	0,820	0,806	0,670
1,5	0,920	0,786	0,740	0,724	0,548
2	0,904	0,729	0,675	0,650	0,449
2,5	0,880	0,673	0,610	0,585	0,367
3	0,850	0,621	0,550	0,525	0,301

Die Zahlen geben die durchgelassene Strahlung an; die ursprüngliche (auffallende) Strahlung $= 1$ gesetzt.

Die μ-Werte sind RUTHERFORDS Werke: „Radioaktive Substanzen und ihre Strahlungen" entnommen; für Platin wurde μ von KOHL-RAUSCH bestimmt, μ für Silber ist nach dem Absorptionsgesetz aus $\frac{\mu}{\varrho}$ des Aluminium berechnet.

Tabelle 5. Absorption der härtesten γ-Strahlen von Radium C

Schicht-dicke mm	$\varrho = 2,7$ $\mu = 0,111$ $(cm)^{-1}$ $\dfrac{\mu}{\varrho} = 0,0406$ Aluminium	$\varrho = 8,35$ $\mu = 0,325$ $(cm)^{-1}$ $\dfrac{\mu}{\varrho} = 0,0384$ Messing	$\varrho = 10,5$ $\mu = 0,426$ $(cm)^{-1}$ $\dfrac{\mu}{\varrho} = 0,0406$ Silber	$\varrho = 11,4$ $\mu = 0,495$ $(cm)^{-1}$ $\dfrac{\mu}{\varrho} = 0,0434$ Blei	$\varrho = 21,5$ $\mu = 0,98$ $(cm)^{-1}$ $\dfrac{\mu}{\varrho} = 0,0458$ Platin
0,1	0,999	0,995	0,996	0,995	0,990
0.2	0,998	0,994	0,991	0,990	0,980
0,3	0,997	0,990	0,989	0,985	0,970
0,4	0,996	0,987	0,983	0,981	0,960
0,5	0,995	0,984	0,980	0,975	0,951
0,6	0,993	0,980	0,975	0,971	0,942
0,7	0,992	0,977	0,970	0,966	0,933
0,8	0,991	0,974	0,966	0,961	0,924
0,9	0,990	0,971	0,962	0,955	0,915
1	0,989	0,967	0,957	0,951	0,907
1,5	0,983	0,952	0,936	0,925	0,862
2	0,978	0,936	0,918	0,905	0.822
2,5	0,972	0,923	0,904	0,881	0,779
3	0,967	0,906	0,879	0,861	0,745

Die Zahlen geben die durchgelassene Strahlung an; die ursprüngliche (auffallende) Strahlung = 1 gesetzt.

Die Absorption der γ-Strahlung in Luft ist so gering, daß dieselbe praktisch vernachlässigt werden kann. Für die Abnahme der Strahlungsintensität in Luft ist das Gesetz der Entfernungsquadrate ausschlaggebend. Der Absorptionskoeffizient μ für die γ-Strahlung in Luft beträgt nach HESS $4,47 . 10^{-5}$ $(cm)^{-1}$. Die γ-Strahlen werden demnach erst in einer Luftschicht von 150 m auf die Hälfte, in einer solchen von 1000 m auf 1% der ursprünglichen Strahlung absorbiert.

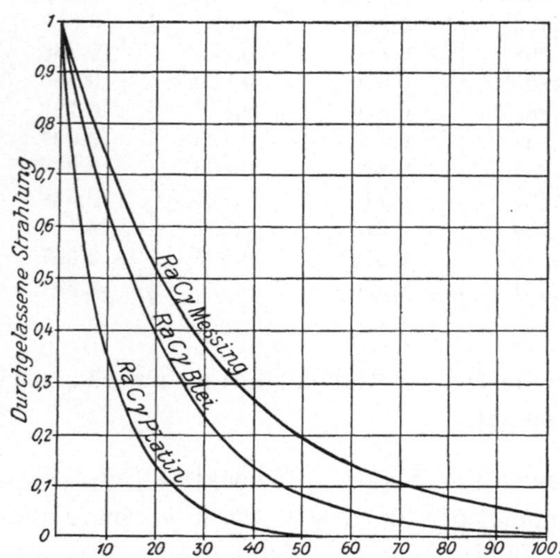

Abb. 27. Absorption der γ-Strahlen des Radium in Messing, Blei und Platin

Die Ermittlung von μ erfolgt am bequemsten aus der Halbwertsdicke.

Ist J_0 die auffallende Strahlung,
d die Halbwertsdicke, so gilt

$$\frac{J_0}{2} = J_0 \cdot e^{-\mu d}$$

$$\frac{1}{2} = e^{-\mu d}$$

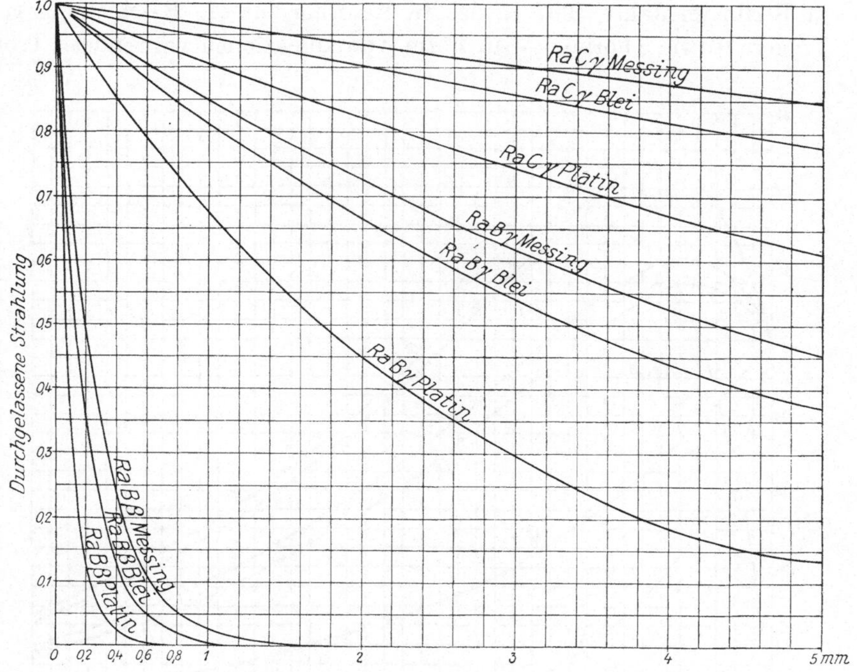

Abb. 28. Absorption der härtesten β- und γ-Strahlen des Radium
in Messing, Blei und Platin

$$\frac{1}{2} = \frac{1}{e^{\mu d}}$$

$$2 = e^{\mu d}$$

$$\log \text{nat } 2 = \log \text{nat } e \cdot \mu d$$

$$\log \text{nat} \cdot e = 1$$

$$\log \text{nat } 2 = \mu d$$

$$\mu = \frac{\log \text{nat } 2}{d} = \frac{0{,}69303}{d}.$$

D. h. μ berechnet sich allgemein, indem der log nat von $2 = 0{,}69303$
durch die Halbwertsdicke dividiert wird.

Z. B. beträgt die Halbwertsdicke für die Absorption der härtesten γ-Strahlen von Radium C in Blei $= 1{,}4$ cm, daher ist $\mu = \dfrac{0{,}69303}{1{,}4} = 0{,}459$ (cm)$^{-1}$.

XXV. Chemie und Physik des Mesothor

Von den Radioelementen der Thoriumreihe wird das von HAHN in Berlin im Jahre 1907 entdeckte Mesothor für die Beschickung von Trägern sowie Thorium X in Form von Injektionen verwendet. Trotz

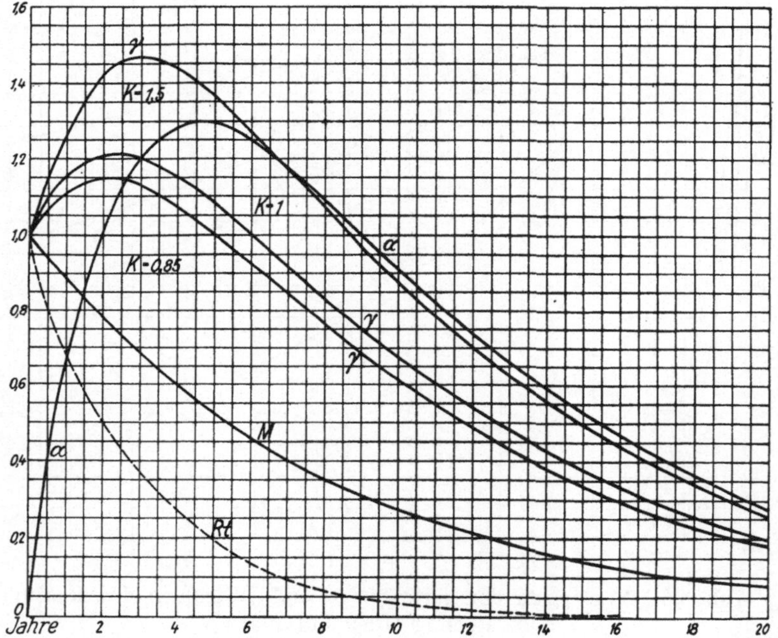

Abb. 29. Anstieg und Abklingen der α- und γ-Aktivität von Mesothor

M Zahl der zerfallenden Mesothoratome, *Rt* Zahl der zerfallenden Radiothoratome (allein), $\alpha\alpha$ Wirkung von aus Mesothor enstehenden Radiothor, $\gamma\gamma$ Wirkung des Komplexes Mesothor-Radiothor für verschiedene Anordnungen (k)

(Aus St. Meyer und E. Schweidler, Radioaktivität)

der reichen Uranerzfunde in Belgisch-Kongo, der hinreichenden Produktion von Radium, findet Mesothor Verwendung, da es als Nebenprodukt in der Auerglühstrumpfindustrie gewonnen wird. Ausgangsmaterial der Mesothorfabrikation ist der Monazitsand, von dem fast unerschöpfliche Lager in Brasilien vorhanden sind.

Unter Mesothor versteht man Mesothor 1 mit seinen Umwandlungs, produkten Mesothor 2, Radiothor, Thorium X, Thorium-Emanation-Thorium A, B, C', C''. Das aus dem Thorium abgetrennte Mesothor 1, ist strahlenlos oder besitzt eine kaum nachweisbare β-Strahlung. Das Präparat ist demnach unmittelbar nach seiner Darstellung nahezu inaktiv. Sein erstes Umwandlungsprodukt Mesothor 2, dessen Halbwertszeit sechs Stunden beträgt und daher rasch nachgebildet wird, sendet β- und γ-Strahlen aus. Wegen der weiteren Bildung von Radiothor und dessen Umwandlungsprodukten gewinnen Mesothorpräparate mit der Zeit an α-, β- und γ-Strahlung.

Wie aus der Abb. 29 abgelesen werden kann, hat die vom Radiothor stammende α-Strahlenaktivität 4,7 Jahre nach der Darstellung des Mesothor sein Maximum erreicht, während Mesothor 1 allein in 6,7 Jahren auf die Hälfte abklingt. Die jährliche Abnahme der Aktivität eines Mesothorpräparates ist gegenüber der vom Radium demnach eine sehr beträchtliche.

Während Radium zwei γ-Strahler, Radium B (μ für Aluminium 0,51 (cm)$^{-1}$ und Radium C (μ 0,115) aufweist, besitzt Mesothor deren drei: Mesothor 2 (μ 0,116), Thorium B (μ 0,36) und Thorium C'' (μ 0,096). Mesothor sendet etwas härtere γ-Strahlen als Radium aus. Die β-Strahlung des Mesothor — für diese kommen Mesothor 2, Thorium B, Thorium C, C'', in Betracht — ist dagegen etwas weicher als die des Radium.

Als Endprodukte des Thorzerfalls, ob das einzige, ist noch nicht mit Sicherheit erfaßt, wird eine Atomart des Blei — Thorblei, vom Atomgewicht 208,15 — angenommen. Nach Abgabe von sechs α-Teilchen (Heliumkernen) geht Thorium, dessen Atomgewicht 232,15 beträgt, in Thorblei mit dem Atomgewicht 208,15 über.

Die Aktivität von Mesothorpräparaten hängt wesentlich vom Alter des Präparates, d. h. von der seit der Abtrennung vom Thor verflossenen Zeit ab, deshalb können γ-Strahlen-Vergleichmessungen zur Gehaltsbestimmung von Mesothorpräparaten nur ausgeführt werden, wenn das Alter des zu messenden Präparates und des Standardpräparates bekannt sind. Aber auch bei Kenntnis des Alters steht der Definierung einer Mesothormaßeinheit der stets vorhandene Radiumgehalt von Mesothorpräparaten im Wege.

Um über diese Schwierigkeit hinwegzukommen, werden Mesothorpräparate gegenwärtig im γ-Strahlenäquivalent von Radium gehandelt. Unter 1 mg Mesothor versteht man diejenige Menge, welche dieselbe γ-Strahlung unter Voraussetzung gleicher Absorptionsverhältnisse besitzt wie 1 mg Radium.

Was die Frage der dem γ-Strahlenäquivalent von 1 mg Radium entsprechenden Gewichtsmenge Mesothor betrifft, so ist eine Schätzung nach STEFAN MEYER sehr unsicher. Nimmt man die γ-Strahlenarten des

Radium und Mesothor als gleichartig an, so würde Mesothor 633 mal aktiver sein als Radium. Sucht man das α-Strahlenäquivalent, welches aber nur für offene ungefilterte Präparate in Betracht kommt, so ergibt sich, daß für die gleiche α-Strahlenwirkung gewichtsmäßig 420 mal mehr Radium nötig ist als Mesothor. Aber auch diese Schätzung ist ungenau, da ja die Strahlung eines Mesothorpräparates vom Alter desselben abhängt.

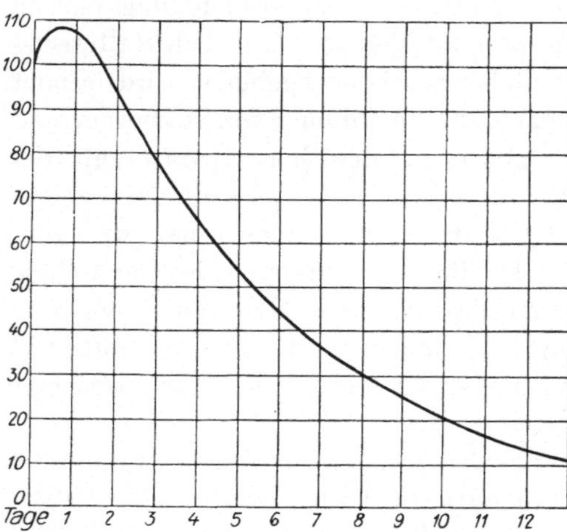

Abb. 30. Abklingen der α-Aktivität von Thorium X samt seinen α-strahlenden Zerfallsprodukten

Die Frage, ob das γ-Strahlenäquivalent Radium und Mesothor die gleiche physiologische Wirkung ausübt, ist dahin zu beantworten: Die γ-Strahlung von Mesothor 2 ist etwas weicher, die des Thorium C härter als die des Radium C. Das γ-Strahlenäquivalent hängt demnach von den jeweilig vorhandenen Mengen an Mesothorium 2 und Thorium C'', d. h. vom Alter des Mesothorpräparates ab. Bei Filterung von Mesothorträgern wird von den weichen Mesothor-Strahlen mehr absorbiert als von den harten Thorium C''-Strahlen.

Was die Chemie des Mesothors und seiner Umwandlungsprodukte anbetrifft, so ist Mesothor 1 mit Radium chemisch identisch (isotop) und vom Radium untrennbar. Aus diesem Grund enthalten auch Mesothorpräparate, welche aus uranhältigen Erzen (Monazit) hergestellt werden, einen erheblichen Prozentsatz an Radium.

Mesothor 1 und Thorium X stehen an derselben Stelle des periodischen Systems wie Radium, sind daher alkalische Erdmetalle. Mesothor 2 gehört zu den dreiwertigen Erdmetallen, Radiothor und Thorium zählt man zu den vierwertigen seltenen Erden.

Versetzt man eine Thoriumnitratlösung mit Ammoniak, so werden Thorium, Radiothor und Mesothor 2 als Hydroxyde ausgefällt, während Thorium X gelöst bleibt. Nach dem Abdampfen und schwachem Glühen hinterbleibt Thorium X als Rückstand.

Die Thoremanation als solche findet wegen ihrer kurzen Lebensdauer (Halbwertszeit 53 Sekunden) keine medizinische Verwendung, hingegen wird Thorium X in Form von intravenösen Injektionen gegen Leukämie verwendet. Thorium X hat eine mit der Radiumemanation fast gleiche Halbwertszeit — 3,65 Tage — und sendet α-Strahlen aus. Unmittelbar nach seiner Darstellung, d. h. Abtrennung vom Thorsalz nimmt die α-Aktivität durch Bildung der Thoremanation und deren α-strahlende Umwandlungsprodukte Thorium A und C stetig zu, erreicht nach 20 Stunden den Höchststand, nach 40 Stunden den Anfangswert wieder und fällt von diesem Zeitpunkt praktisch in vier Wochen auf Null ab. Die Auergesellschaft in Berlin mißt ihre Thorium-X-Präparate durch deren α-Aktivität. Die γ-Aktivität von Thorium-X-Präparaten hingegen, für welche Thorium B und C″ in Betracht kommt, erreicht nach 40 Stunden ihren Höchststand.

Anhang

Das periodische System der Elemente nach Moseley-Bohr

Das 1869 von MENDELEJEFF und LOTHAR MEYER aufgestellte Gesetz der Periodizität besagte, daß die Eigenschaften der Elemente periodische Funktionen ihrer Atomgewichte darstellen.

Ordnet man die Elemente nach steigenden Atomgewichten in Reihen an, so kehren nach gewissen Zwischenräumen in bezug auf chemische Eigenschaften ähnliche, bezüglich Wasserstoff- und Sauerstoffwertigkeit gleiche Elemente wieder. Es reihen sich die Elemente in mehreren Perioden, die aus horizontalen Reihen bestehen.

Die beiden ersten Reihen von Lithium bis zum Fluor, vom Natrium bis zum Chlor stellen zwei aus je sieben Gliedern bestehende Perioden dar, in denen die entsprechenden, untereinander stehenden Glieder eine große Analogie sowohl in ihrer Wertigkeit, wie in anderen chemischen Eigenschaften aufweisen. Hierauf folgen die großen Perioden vom Kalium bis zum Brom, vom Rubidium bis zum Jod. Teilt man die sieben ersten und sieben letzten Glieder der dritten und vierten großen (K bis Br, Rb bis J) Periode in zwei Reihen ab und stellt sie unter die sieben entsprechenden Glieder der ersten und zweiten Periode, so erhält man eine Tabelle, in welcher die sieben vertikalen Kolonnen 1 bis 7 analoge Elemente umfassen.

Die Edelgase: Helium, Neon, Argon, Krypton, Xenon, die drei Emanationen, sowie die mittlere Gruppe vom Eisen bis Platin bilden eine selbständige vertikale Kolonne mit 0 und 8 bezeichnet. Die drei Emanationen, Radium, Actinium, Brevium, Thorium und Uran gehören infolge ihres hohen Atomgewichtes in die siebente Periode. Radium ist gemäß seiner Zweiwertigkeit und Analogie mit dem Barium in die zweite vertikale Kolonne zu den alkalischen Erden einzureihen.

Tabelle 6. Periodisches System der Elemente nach Mendelejeff

Reihe: / Gruppe:	I	II	III	IV	V	VI	VII	0 oder VIII	
Höchste normale Oxyde	R_2O	R_2O_2	R_2O_3	R_2O_4	R_2O_5	R_2O_6	R_2O_7	R_2O_8 R_2O_6 R_2O_4 R_2O_3	
Höchste flüchtige H-Verbindungen				RH_4	RH_3	RH_2	RH	(R)	
Maximal-Valenz Positive	I R	II R	III R	IV R	V R	VI R	VII R		
Maximal-Valenz Negative				IV R	III R	II R	I R		
1.	H $1,_{08}$							$3,_{99}$ He	Rudimentäre Periode
2.	Li $6,_{94}$	Be $9,_1$	B $11,_0$	C $12,_{00}$ C	$14,_{01}$ N	$16,_{00}$ O	$19,_0$ F	$20,_2$ Ne	Erste einfache Periode
3.	Na$23,_{00}$ Na	Mg$24,_{32}$ Mg	Al$27,_1$ Al	Si$28,_3$ Si	$31,_{04}$ P	$32,_{07}$ S	$35,_{46}$ Cl	$39,_{88}$ Ar	Zweite einfache Periode
4.	K $39,_{10}$	Ca$40,_{07}$	Sc$45,_1$	Ti$48,_1$	V$51,_0$	Cr$52,_0$	Mn$54,_{93}$	Fe$55,_{84}$ Co$58,_{97}$ Ni$58,_{68}$ (Cu$63,_{57}$)	Erste doppelte Periode
5.	$63,_{57}$ Cu	$65,_{37}$ Zn	$69,_9$ Ga	$72,_5$ Ge	$74,_{96}$ As	$79,_2$ Se	$79,_{92}$ Br	$82,_9$ Kr	
6.	Rb$85,_{45}$	Sr$87,_{63}$	Y$89,_0$	Zr$90,_6$	Nb$93,_5$	Mo$96,_0$		Ru$101,_7$ Rh$102,_9$ Pd$106,_7$ (Ag$107,_{88}$)	Zweite doppelte Periode
7.	$107,_{88}$ Ag	$112,_{40}$ Cd	$114,_8$ In	$119,_0$ Sn	$120,_2$ Sb	$127,_5$ Te	$126,_{92}$ J	$130,_2$ Xe	
8. (8a)	Cs$132,_{81}$	Ba$137,_{37}$	La$139,_{07}$	Ce$140,_{25}$	Pr$140,_6$	Nd$144,_3$	Sm$150,_1$	Eu$152,_0$	Vierfache Periode
9. (8b)			Gd$157,_3$	Tb$159,_2$	Dy$162,_5$	Ho$163,_5$	Er$167,_7$	Tu$168,_5$ Ad$173,_5$	
10. (8c)			Cp$175,_0$		Ta$181,_5$	W$184,0$		Os$190,_9$ Ir$193,_1$ Pt$195,_2$ (Au$197,_2$)	
11.	$197,_2$ Au	$200,_6$ Hg	$204,_0$ Tl	$207,_2$ Pb	$208,_0$ Bi	210 Po		$222,_0$ Em	
12.		Ra$226,_0$	Ac 230?	Th$232,_1$	Bv231	U$238,_2$			Teil einer Periode

Die Abgabe eines α-Teilchens, das aus einem positiv geladenen Heliumatom besteht, hat in allen Fällen der radioaktiven Umwandlung eine Verminderung des Atomgewichtes um vier Einheiten zur Folge. Die Aussendung von β-Strahlen hingegen, die nur reine Elektronen sind, ändert nichts am Atomgewicht. Das nach Verlust eines α-Teilchens zurückbleibende Atom (Element) rückt nach seinen chemischen Eigenschaften und nach seiner Wertigkeit um zwei Stellen nach links, also gegen die elektropositive Seite: z. B. Umwandlung des zweiwertigen Radium zur nullwertigen Emanation; die Wertigkeit wird um zwei Einheiten erniedrigt. Die Aussendung von β-Strahlen verursacht eine Änderung der Eigenschaften des Elementes in der Beziehung, daß der zurückbleibende Atomrest, das neue Atom, um eine Stelle im periodischen System nach rechts, gegen die elektronegative Seite hin verschoben wird: z. B. von der Reihe der alkalischen Erden Mesothor 1 zur Reihe der dreiwertigen Erdmetalle, Mesothor 2; die Wertigkeit wird um eine Einheit erhöht. (Fajans Verschiebungsgesetz.)

Das periodische System Mendelejeffs war auf der Grundlage der Atomgewichte der Elemente aufgebaut. Nach den jüngsten Ergebnissen der Radiumforschung, der Lehre von der Isotopie, hat jedoch das Atomgewicht an Bedeutung für die chemischen Eigenschaften des Elementes verloren. Es hat sich nämlich herausgestellt, daß eine ganze Reihe radioaktiver Elemente mit anderen, teils aktiven, teils nicht aktiven Elementen chemisch vollkommen identisch sind und sich sogar elektrochemisch und spektroskopisch wie ein und dasselbe Element verhalten. Solche Elemente können bis acht Einheiten im Atomgewicht differieren und müssen trotzdem an dieselbe Stelle des periodischen Systems gestellt werden. Sie unterscheiden sich nur durch die Struktur des Kernes, der mit chemischen Mitteln nicht wahrnehmbar ist. So ist Radium mit Mesothor und Thorium X, Blei mit Radium B, D und G, Thorium mit Ionium isotop. Infolge der Untrennbarkeit von Isotopen ist Mesothor meist radiumhaltig, da der brasilianische Monazit, aus dem es fabriksmäßig gewonnen wird, Uran enthält. Will man radiumfreies Mesothor darstellen, so muß man dasselbe aus dem nur in kleinen Mengen auf Ceylon vorkommenden Thorianit isolieren.

Die Isotopie hat zu einer Umgestaltung des Elementbegriffes geführt. Die Definition eines Elementes als eines Grundstoffes, der durch kein chemisches Verfahren in einfachere Bestandteile zerlegt werden kann, würde dazu führen, daß man jedes willkürlich hergestellte Gemisch von isotopen Elementen, wie z. B. vom gewöhnlichen Blei und Radium G (Zerfallsblei) für ein neues Element erklären müßte, denn jede dieser Mischungen entspricht der obigen Definition der chemischen Untrennbarkeit. Ein- und dasselbe Element kann in verschiedenen Atomarten auftreten. Ein Element kann aus einer Atomart bestehen, wie z. B.

Wasserstoff oder Sauerstoff und heißt dann Reinelement, oder aus mehreren Atomarten, wie z. B. das Uran, welches aus einem chemisch untrennbaren Gemenge von Uran I und Uran II besteht und wird Mischelement genannt.

Vom Standpunkte der analytischen Chemie aus ist das chemische Element zu definieren als ein Stoff, dessen sämtliche Atome gleiche Kernladungszahl haben.

An Stelle des periodischen Systems MENDELEJEFFs, welches viele Unregelmäßigkeiten aufwies, über die man nicht hinwegkam — so war für die seltenen Erdmetalle kein Platz zu finden, Tellur mußte vor Jod, Argon vor Kalium gestellt werden usw. — ist das auf der Grundlage der Röntgenspektren aufgebaute System von MOSELEY getreten. Der 1915 an den Dardanellen als Feldtelegraphist gefallene englische Physiker MOSELEY hat 1913 die Röntgenspektren einer großen Anzahl von Elementen photographisch aufgenommen. Unter Röntgenspektrum versteht man das durch Beugung an Kristallen verursachte Spektrum jener Röntgenstrahlen, welche beim Auftreffen der Kathodenstrahlen auf die aus dem betreffenden Element bestehende Antikathode gebildet werden. Die Antikathode braucht nicht durchwegs aus dem zu untersuchenden Element zu bestehen, es genügt, wenn der Brennfleck der Antikathode einen Belag des betreffenden Elementes erhält. So war es möglich, die beiden Manganhomologen, Masurium und Rhenium, durch ihre Röntgenspektren bei nur 1 mg Substanz mit einem Gehalt von 0,002 mg des betreffenden Elementes zu entdecken. MOSELEY fand, daß jedes Element durch sein charakteristisches Röntgenspektrum erkannt werden kann, und daß ein allgemein gültiger Zusammenhang zwischen Ordnungszahl im periodischen System und Schwingungszahl analoger Röntgenspektrallinien des betreffenden Elementes besteht.

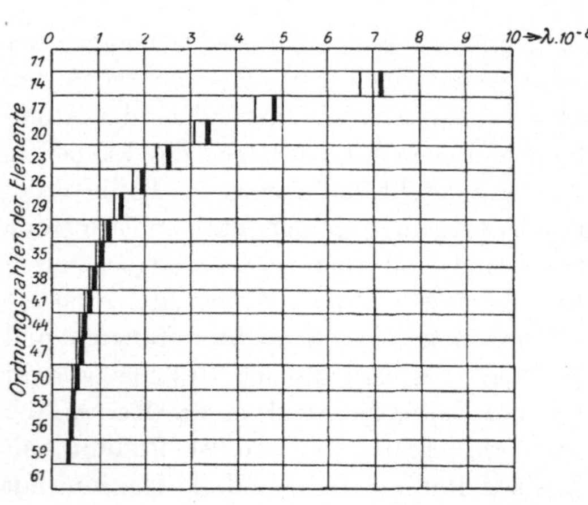

Abb. 31. MOSELEYs Röntgenspektrengesetz nach SIEGBAHN. Die Wellenlänge nimmt mit steigender Atomnummer (Kernladungszahl) ab (Aus Sommerfeld, Atombau und Spektrallinien

Die Moseley-Regel lautet: Die Quadratwurzeln aus den Schwingungszahlen analoger Röntgenstrahllinien verhalten sich wie die Ordnungs-

zahlen der Elemente. Trägt man die Ordnungszahlen (Kernladungszahlen) in gleichen Abständen auf der Abzisse und die Wurzeln aus der
Frequenz der analogen Röntgenspektrallinien auf der Ordinate auf, so
erhält man eine Gerade. Es ergibt sich daraus eine lineare Anordnung
der 92 Elemente, in welcher derzeit nur noch zwei Lücken für unbekannte
Elemente offenstehen. Aus dieser Gesetzmäßigkeit läßt sich folgern, daß
jedem Element eine fundamentale konstante Größe zukommt, die sich
im Gegensatz zum Atomgewichte von Element zu Element um eine
Einheit erhöht.

Wenn man sich das Atommodell RUTHERFORDS vor Augen hält, kann
nur die Kernladungszahl, die positive Ladung des Kernes, diese funda-

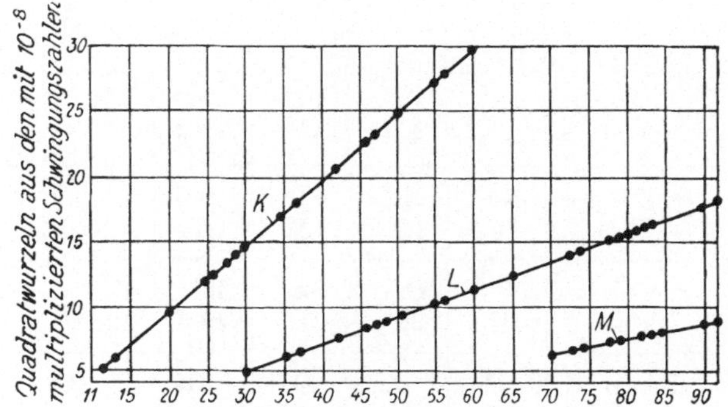

Abb. 32. MOSELEYS Röntgenspektrengerade
(Aus Grätz, Elektrizität)

mentale Größe sein, welche an Stelle des Atomgewichtes in MOSELEYS
periodischem System auftritt.

Da die Zahl der den Kern umlaufenden Elektronen nur von der
Kernladungszahl, nicht von der Struktur des Atomkernes abhängt, verhalten sich Atome von gleicher Kernladungszahl und daher gleicher
Anzahl von äußeren Elektronen, trotz Verschiedenheiten in der Masse
(Atomgewicht) und der Kernstruktur chemisch identisch.

Die Isotopie hat sich als eine sehr verbreitete Eigenschaft der Materie
erwiesen, sie wurde zuerst bei radioaktiven Elementen entdeckt, ist aber
nicht auf solche beschränkt. Durch rein physikalische Methoden, wie
fraktionierte Diffusion, Unterschiede der Verdampfungstemperatur,
durch Kanalstrahlenanalyse gelang es, eine Reihe von Elementen als
Gemisch von Isotopen zu erkennen. Die Kanalstrahlenanalyse wurde
von ASTON mit dem nach ihm benannten Massenspektographen durchgeführt und beruht darauf, daß die Kanalstrahlenteilchen, d. s. positiv
geladene Atomionen der betreffenden Elemente, je nach ihrer Masse
im Magnetfeld von gleicher Stärke unter verschiedenen Winkeln abgelenkt werden. Auf dem Wege der Diffusion war es möglich, Chlor-

wasserstoffgas in zwei verschieden schwere Gase zu zerlegen und durch fraktionierte Verdampfung die Existenz von Quecksilberisotopen nachzuweisen. Durch Kanalstrahlenanalyse wurden Wasserstoff, Helium und Sauerstoff als Reinelemente, Neon, Krypton, Xenon, Argon, Quecksilber, Chlor, Brom, Silizium, Eisen und andere als Gemische von Isotopen erkannt.

Tabelle 7. Das periodische System der Elemente nach Moseley

O	VIII	I		II		III		IV		V		VI		VII	
		a	b	a	b	a	b	a	b	a	b	a	b	a	b
		H 1													
He 2		Li 3		Be 4		B 5			C 6		N 7		O 8		F 9
Ne 10		Na 11		Mg 12		Al 13			Si 14		P 15		S 16		Cl 17
Ar 18		K 19		Ca 20		Sc 21		Ti 22		V 23		Cr 24		Mn 25	
	Fe Co Ni 26 27 28		Cu 29		Zn 30		Ga 31		Ge 32		As 33		Se 34		Br 35
Kr 36		Rb 37		Sr 38		Y 39		Zr 40		Nb 41		Mo 42		Ma 43	
	Ru Rh Pd 44 45 46		Ag 47		Cd 48		In 49		Sn 50		Sb 51		Te 52		J 53
X 54		Cs 55		Ba 56		La 57		Ce 58		Pr Nd — 59 60 61		Sm 62		Eu 63	
	Gd Te Dy Ho 64 65 66 67		Er 68		Tu Yb 69 70		Lu(Cp) 71		Hf 72		Ta W 73 74				Re 75
	Os Ir Pt 76 77 78		Au 79		Hg 80		Tl 81		Pb 82		Bi 83		Po 84		— 85
Em 86		— 87		Ra 88		Ac 89		Th 90		Bv(UX$_2$) 91		U 92			

Der Aufbau der Materie

Nach unseren jetzigen Vorstellungen besteht jedes Atom aus einem positiv geladenen Kern, der zugleich Träger der Masse des Atoms ist und aus den sich um diesen Kern bewegenden Elektronen, deren Zahl gleich der positiven Kernladung ist. Wasserstoff besitzt die Kernladung 1, Helium 2, Radium 88, Uran 92. Der Wasserstoffkern, das „Proton", stellt die Einheit der positiven Ladung dar. Würden die Kerne der schwereren Atome nur aus Wasserstoffkernen aufgebaut sein, so müßte das Atomgewicht gleich der Kernladungszahl sein. Abgesehen vom Wasserstoff ist aber das Atomgewicht bei allen Elementen größer als die Kernladungszahl, weil der Atomkern selbst wieder ein kompliziertes Gefüge aus positivem Wasserstoff bzw. Heliumkernen und negativen Elektronen ist.

Was als positive Kernladung in Erscheinung tritt, ist der Überschuß der positiven Teilchen gegenüber den negativen Elektronen und nur dieser Überschuß an positiver Ladung bestimmt die Anzahl der den Kern umkreisenden äußeren Elektronen und damit die chemischen Eigenschaften eines Elementes.

Tabelle 8. Isotope Elemente

o	I	II	III	IV	V	VII
	Cl 2 Iso- tope	Hg 6 Isotope	Tl Ac C″ Th C″ Ra C″	Pb Ra G Ac D Th D Ra D Ac B Th B Ra B	Bi Ra E Ac C Th C Ra C	Po Ac C′ Th C′ Ra C′ Ac A Th A Ra A
Ra-Em Th-Em Ac-Em		Ra Ac X Th X Ms Th 1	Ac Ms Th 2	Th Rd Ac Rd Th U X$_1$	U X$_2$ (Bv) U Z	U I U II

Eine große Anzahl von Elementen verhält sich trotz abweichender Struktur des Kernes und verschiedenen Atomgewichtes chemisch identisch, so daß diese Elemente an dieselbe Stelle des periodischen Systems gestellt werden müssen. Man bezeichnet diese Erscheinung als Isotopie. Isotope, Atomarten ein und desselben Elementes, sind mit den Varietäten der Tierarten vergleichbar. Da die chemischen Eigenschaften nur von der Kernladung, somit von der Zahl der äußeren Elektronen, nicht von der Struktur und Masse des Kernes abhängen, sind Isotope chemisch identisch. Das Zustandekommen isotoper Elemente beruht eben darauf, daß die Kernladungszahl unverändert bleibt, auch wenn sich die Zahl der positiven Wasserstoff- bzw. Heliumkerne und Elektronen im

Kern um die gleiche Zahl ändert; trotz der dadurch eintretenden Änderung der Masse (des Atomgewichtes) und der Struktur des Kernes bleibt der Überschuß an positiver Ladung — die Kernladungszahl — dieselbe und es wird daher am chemischen Charakter nichts geändert.

Auf Grund des MENDELEJEFFschen Systems der Elemente hatte PROUT seinerzeit die Hypothese vom Aufbau aller Elemente aus Wasserstoff ausgesprochen. Dieser Annahme stand der Umstand im Wege, daß das Atomgewicht bei einer großen Anzahl von Elementen kein ganzzahliges Vielfaches des Wasserstoffatomgewichtes ist. Durch die Entdeckung der Isotopie und die relativistische Lehre von der Trägheit bzw. Schwere der Energie hat die PROUTsche Hypothese an Wahrscheinlichkeit gewonnen. Die Abweichungen von der Ganzzahligkeit sind auf das Vorliegen von Isotopengemischen oder auf Rechnung der Schwere der potentiellen Energie der zusammentretenden Wasserstoffkerne, welche unter Zuhilfenahme von Elektronen die Atomkerne aufbauen, zu setzen. So ist Chlor ein Mischelement aus zwei isotopen Gasen vom Atomgewicht 35 und 37 bestehend und daher das Atomgewicht 35,45 resultierend. Helium ist durch Zusammentreten von vier Wasserstoffkernen unter Beihilfe von zwei Elektronen, welche einen Schutz gegen die gegenseitige Abstoßung der positiven Wasserstoffkerne ausüben, entstanden zu denken. Dadurch erklärt sich das Atomgewicht 4 und die Kernladungszahl 2. Das Atomgewicht für Helium sollte, da das Atomgewicht des Wasserstoffes $= 1,0075$ beträgt, nicht 4, sondern 4,03 sein. Dieser Minderbefund ist durch den beim Zusammentreten der vier Wasserstoffkerne zum größten Teil in Form von Wärme erfolgenden Energieverlust begründet, und Energieverlust bedeutet Massenverlust.

Beim Vorgang der Atomzertrümmerung durch Bestrahlung mit a-Strahlen, welche wie winzige Geschoße von enormer Stoßkraft wirken, wurden stets Wasserstoffstrahlen, das sind aus den zersprengten Atomkernen ausgeschleuderte Wasserstoffkerne, erhalten. Die Atomzertrümmerung gelang zunächst RUTHERFORD bei Stickstoff, Bor, Fluor, Aluminium, Natrium, Phosphor. Die Versuche wurden im Wiener Institut für Radiumforschung fortgesetzt und sind noch weiter im Gang. Es wurden bisher in letzterem Institute über 20 Elemente der Atomzertrümmerung unterzogen und stets Wasserstoffkerne erhalten. Die Atomzertrümmerung dürfte nach den bisherigen Erfolgen bei allen Elementen durchführbar sein, und die Lehre vom Aufbau der Materie aus zwei Urbausteinen, Wasserstoff und Elektron, hat eine starke Stütze gefunden.

KOSSEL hat die elektrostatischen Kräfte, das Verhalten der Metallsalze in Lösung und bei der Elektrolyse, die Valenzbetätigung der äußersten Elektronen im Atom zu seiner Atomtheorie herangezogen. Als erster hat er den Versuch unternommen, die chemischen Eigenschaften der

Elemente auf Grund ihrer Elektronenzahl und -anordnung verständlich zu machen. Daß die Edelgase keine chemischen Verbindungen eingehen, erklärt Kossel damit, daß ihre Atome mit einer Gruppe von acht Elektronen das Atomgebäude ringförmig abschließen. Solche Atome vermögen weder Elektronen aufzunehmen oder abzugeben, sind demnach die stabilsten Atomsysteme. Die Ionen, in welche die Metallatome in Lösungen „freiwillig" durch Abgabe oder Aufnahme von Elektronen übergehen, erhalten eine den Edelgasen gleiche Elektronenzahl, stellen daher die stabileren Anordnungen gegenüber den neutralen Atomen dar. Die Atome haben somit das Bestreben, die Elektronenzahl der Edelgase zu erhalten.

Bezeichnet man die Elemente nach ihrer Reihenfolge im periodischen System mit Ziffern (Atomnummer oder Ordnungszahl), so nimmt die Kernladung von Element zu Element und damit die Zahl der äußeren Elektronen um eine Einheit zu. Bohr hat die Kosselschen Vorstellungen übernommen und unter Zuhilfenahme des Ionisierungspotentiales, der Feinstruktur der Serienspektren, der Beziehungen zwischen Funken und Bogenspektren sowie auf Grund der Röntgenspektra die Bindung der Elektronen an den Kern, die Gruppierung derselben um denselben und in weiterer Folge das Zustandekommen des periodischen Systems auf quantentheoretischer Grundlage aufgeklärt. Bohr ging von der Vorstellung aus, daß der positiv geladene Atomkern die seiner Ladung gleiche Anzahl von Elektronen, analog wie die Sonne die Planeten, einfängt. Es handelte sich nun darum, die Gesetze festzustellen, nach welchen das zur Bildung des im periodischen System folgenden Elementes neu hinzutretende Elektron aufgenommen wird. Diese Aufgabe hat Bohr in glänzender Weise gelöst, indem er von folgenden Überlegungen ausging.

1. Als Elektronenbahnen sind nur eine beschränkte Auswahl von Ellipsen möglich. Die Energien der Bahnen, welche als Umlaufsgeschwindigkeiten der Elektronen in Erscheinung treten und durch die Ablösungsarbeit charakterisiert sind, welche zur Losreißung des Elektrons aus seiner Bahn nötig ist, stehen zueinander in ganzzahligen Quantenbeziehungen. Setzt man für die kernnaheste Bahn die Quantenzahl 1, so hat die vom Kern entferntere die Quantenzahl 2, die n-Bahn die Quantenzahl n usw.

2. Ein Atom kann höchstens 2 Elektronen in einquantiger Bahn, 8 Elektronen in zweiquantiger Bahn, 18 Elektronen in dreiquantiger und 32 Elektronen in vierquantiger Bahn enthalten.

Den Aufbau der Elemente hat man sich so zu denken: Zunächst lagert sich ein Elektron mit der Quantenzahl 1 an (Wasserstoff). Es kann sich nur noch ein zweites Elektron anlagern (Helium). Ein drittes Elektron kann nur in einer zweiquantigen Bahn angelagert werden, d. h. es beginnt die zweite Periode. Das dritte bis zehnte Elektron lagert sich

in zweiquantigen Bahnen an und bildet so die zweite Periode (Li—Ne) aus.
Ein elftes Elektron kann sich nur in einer dreiquantigen Bahn anlagern,
es beginnt somit die dritte Periode (Na—A). Das 19. Elektron sucht aus
energetischen Gründen nicht eine dreiquantige Bahn, sondern tritt in
eine vierquantige Bahn; es beginnt die vierte Periode (K—Kr). Erst
nachträglich werden die dreiquantigen Bahnen ausgefüllt, so daß schließlich von 19. bis 36. Elektron (K—Kr) die dreiquantigen Bhnen voll-
besetzt sind. Das 37. Elektron beginnt in einer fünfquantigen Bahn die
fünfte Periode, die mit dem 54. Elektron beendet wird (Rb—X). Das

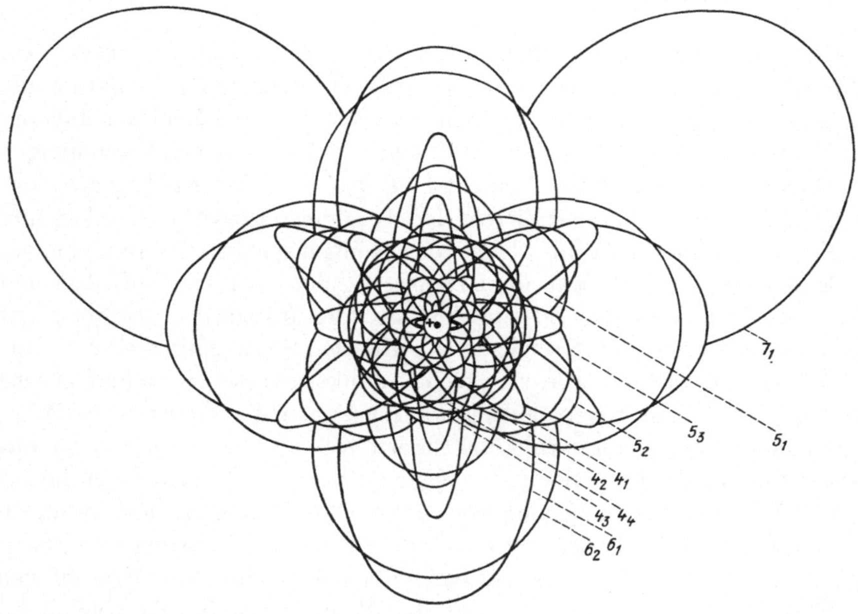

Abb. 33. Das Radiumatom nach BOHR
(Aus Kramers-Holst, Das Atom und die Bohrsche Theorie seines Baues)

55. Elektron beginnt in einer sechsquantigen Bahn die sechste Periode,
die aus 32 Elementen (Cs—Em) besteht. Das 87. Elektron beginnt mit
einer siebenquantigen Bahn die siebente Periode, die aber mitten in ihrer
Entwicklung mit dem 92. Element (Uran) abbricht. Jede dieser sieben
Perioden ist durch die Quantenzahl der äußersten Elektronenbahn
charakterisiert.

Wie man aus Tabelle 11 ersieht, ordnen sich die Elektronen ein und
derselben Quantenzahl in Untergruppen um den Kern an.

So z. B. können dreiquantige Elektronen in drei verschiedenen Bahn-
formen kreisen: in sogenannten 3_1-, 3_2- und 3_3-Bahnen. Die Hauptzahl bedeutet die Quantensumme der Bahn und der Index das für den Drehimpuls

Tabelle 9. Die Zerfallsreihen der radioaktiven Elemente und ihre Konstanten

Element	Wertigkeit	Atomgewicht	Halbwertszeit	Strahlen	Reichweite bei 15° C in Luft
Uranium I	VI	238,2	$4{,}3 \cdot 10^9$ J.	α	2,50 cm
Uranium X_1	IV	234,2	24 T.	$\beta\,\gamma$	—
Uranium X_2 (Brevium)	V	234,2	1,15 Min.	$\beta\,\gamma$	—
Uranium II ◄—	VI	234,2	$2{,}10^6$ J.	α	2,90 cm
—► Uranium Y	IV	230,2	1,5 T.	β	—
Ionium ◄—	IV	230,2	$9{,}10^4$ J.	$\alpha\,\gamma$	3,07 cm
Radium	II	226	1580 J.	$\alpha\,\beta\,\gamma$	3,50 cm
Radiumemanation .	0	222	3,85 T.	α	4,16 cm
Radium A	VI	218	3,0 Min.	α	4,75 cm
Radium B	IV	214	26,8 Min.	$\beta\,\gamma$	—
Radium C ◄—	V	214	19,5 Min.	$\alpha\,\beta\,\gamma$	3,80 cm
►Radium C′ $\quad\alpha$ $\beta\downarrow$	IV	214	10^{-6} Sek.	α	6,94 cm
Radium C″ ◄—	—	210	1,32 Min.	$\beta\,\gamma$	—
►Radium D $\beta\downarrow$	—	210	16 J.	$\beta\,\gamma$	—
Radium E	—	210	4,85 T.	$\beta\,\gamma$	—
Radium F = Polonium	—	210	136 T.	$\alpha\,\gamma$	3,83 cm
Radium G = Blei .	—	206	stabil		—
Thorium	IV	232,12	$2{,}2 \cdot 10^{10}$ J.	α	2,72 cm
Mesothorium 1 . . .	II	228	6,7 J.	β	—
Mesothorium 2 . . .	III	228	6,2 St.	$\beta\,\gamma$	—
Radiothorium	IV	228	1,9 J.	$\alpha\,\beta\,\gamma$	3,87 cm
Thorium X	II	224	3,67 T.	α	4,30 cm
Thoriumemanation	0	220	54 Sek.	α	5,00 cm
Thorium A	VI	216	0,14 Sek.	α	5,70 cm
Thorium B	IV	212	10,6 St.	$\beta\,\gamma$	—
Thorium C ◄—	V	212	60,8 Min.	$\alpha\,\beta$	4,80 cm
Thorium C′ $\quad\alpha$ $\beta\downarrow$	VI	212	10^{-10} Sek.	α	8,60 cm
Thorium C″ ◄—	III	208	3,20 Min.	$\beta\,\gamma$	—
Thorium D (Blei?)	IV?	208	stabil		—
—► Protactinium	—	230	10^4 J.	α	3,30 cm
Actinium	—	226	20 J.	β	—
Radioactinium . . .	—	226	19 T.	$\alpha\,\beta\,\gamma$	4,60 cm
Actinium X	—	222	11 T.	α	4,26 cm
Actiniumemanation	—	218	3,9 Sek.	α	5,57 cm
Actinium A	—	214	$2{,}10^{-3}$ Sek.	α	6,27 cm
Actinium B	—	210	36 Min.	$\beta\,\gamma$	—
Actinium C	—	210	2,15 Min.	α	5,15 cm
Actinium C′	—	210	5,10 Sek.	α	—
Actinium C″	—	206	4,7 Min.	$\beta\,\gamma$	—
Actinium D. (Blei?)	—	206	stabil		—

1 g Radium $= 3{,}10^6$ g Uran. — 1 g Uran $= 3{,}3.10^{-7}$ g Radium. — 1 g Radium im Gl. entwickelt pro Stunde 137 Grammkalorien. — Emanations-Stromwertäquivalent im Gl. mit 1 g Radium $= 1$ Curie $= 2{,}75.10^6$ st. Einheiten. — 1 g Radium ohne Emanation $= 2{,}42.10^6$ st. Einheiten. — 1 g Radium sendet pro Sekunde $3{,}4.10^{10}$ α-Teilchen aus.

Tabelle 10. Zerfall der Radiumemanation (siehe S. 47)

t	$e^{-\lambda t}$	t	$e^{-\lambda t}$	t	$e^{-\lambda t}$
0^{h}	1,0000	$2\,d + 2^{h}$	0,6873	$8\,d + 18^{h}$	0,2070
0,5	0,9963	4	0,6771	$9\,d$	0,1979
1	0,9925	6	0,6670	$+ 6$	0,1891
2	0,9851	8	0,6571	12	0,1808
3	0,9777	10	0,6473	18	0,1729
4	0,9704	12	0,6376	$10\,d$	0,1653
5	0,9632	14	0,6281	$+ 6$	0,1580
6	0,9560	16	0,6188	12	0,1510
7	0,9489	18	0,6096	18	0,1447
8	0,9418	20	0,6005	$11\,d$	0,1381
9	0,9347	22	0,5916	$+ 6$	0,1320
10	0,9277	$3\,d$	0,5827	12	0,1262
11	0,9208	$+ 2$	0,5741	18	0,1206
$0,5\,d = 12$	0,9139	4	0,5656	$12\,d$	0,1153
13	0,9071	6	0,5572	12,5	0,1054
14	0,9003	8	0,5489	13	0,0963
15	0,8936	10	0,5407	13,5	0,0880
16	0,8869	12	0,5326	14	0,0805
17	0,8803	14	0,5246	14,5	0,0735
18	0,8737	16	0,5169	15	0,0672
19	0,8672	18	0,5092	15,5	0,0614
20	0,8607	20	0,5015	16	0,0561
21	0,8543	22	0,4941	16,5	0,0512
22	0,8479	$4\,d$	0,4868	17	0,0469
23	0,8416	$+ 4$	0,4724	17,5	0,0428
$1\,d = 24$	0,8353	8	0,4584	18	0,0392
25	0,8290	12	0,4449	18,5	0,0349
26	0,8228	16	0,4317	19	0,0327
27	0,8167	20	0,4190	19,5	0,0299
28	0,8106	$5\,d$	0,4066	20	0,0273
29	0,8046	$+ 4$	0,3955	20,5	0,0249
30	0,7986	8	0,3829	21	0,0228
31	0,7926	12	0,3716	21,5	0,0209
32	0,7867	16	0,3606	22	0,0191
33	0,7808	20	0,3500	22,5	0,0174
34	0,7749	$6\,d$	0,3396	23	0,0159
35	0,7692	$+ 4$	0,3296	23,5	0,0145
$1,5\,d = 36$	0,7634	8	0,3197	24	0,0133
37	0,7577	12	0,3104	25	0,0111
38	0,7521	16	0,3012	26	0,0093
39	9,7465	20	0,2923	27	0,0078
40	0,7409	$7\,d$	0,2837	28	0,0065
41	0,7354	$+ 4$	0,2753	29	0,0054
42	0,7299	8	0,2671	30	0,0045
43	0,7244	12	0,2592	35	0,0018
44	0,7190	16	0,2516	40	$0,0007_5$
45	0,7136	20	0,2441	45	$0,0003_0$
46	0,7083	$8\,d$	0,2369	50	$0,0001_2$
47	0,7030	$+ 6$	0,2265	60	$0,0000_2$
$d\,2 = 48$	0,6977	12	0,2165	70	$0,00000_3$

Tabelle 11. Die Elektronengruppen im Normalzustande der Atome der Elemente

Kernladung		K 1	L 2₁ 2₂	M 3₁ 3₂ 3₃	N 4₁ 4₂ 4₃ 4₄	O 5₁ 5₂ 5₃ 5₄ 5₅	P 6₁ 6₂ 6₃ 6₄ 6₅ 6₆	7₁
1	H	1						
2	He	2						
3	Li	2	1					
4	Be	2	2					
5	B	2	2 1					
6	C	2	2 2					
7	N	2	2 3					
10	Ne	2	4 4					
11	Na	2	4 4	1				
12	Mg	2	4 4	2				
13	Al	2	4 4	2 1				
17	Cl	2	4 4	4 3				
18	A	2	4 4	4 4				
19	K	2	4 4	4 4	1			
20	Ca	2	4 4	4 4	2			
21	Se	2	4 4	4 4	2 1			
22	Ti	2	4 4	4 4	2 2			
29	Cu	2	4 4	6 6 6	1			
30	In	2	4 4	6 6 6	2			
31	Ga	2	4 4	6 6 6	2 1			
36	Kr	2	4 4	6 6 6	4 4			
37	Rb	2	4 4	6 6 6	4 4	1		
38	Sr	2	4 4	6 6 6	4 4	2		
39	Y	2	4 4	6 6 6	4 4	2 1		
40	Zr	2	4 4	6 6 6	4 4	2 2		
47	Ag	2	4 4	6 6 6	6 6 6	1		
48	Cd	2	4 4	6 6 6	6 6 6	2		
49	In	2	4 4	6 6 6	6 6 6	2 1		
54	X	2	4 4	6 6 6	6 6 6	4 4		
55	Cs	2	4 4	6 6 6	6 6 6	4 4	1	
56	Ba	2	4 4	6 6 6	6 6 6	4 4	2	
57	La	2	4 4	6 6 6	6 6 6	4 4	2 1	
58	Ce	2	4 4	6 6 6	6 6 6 1	4 4	2 1	
59	Pr	2	4 4	6 6 6	6 6 6 2	4 4	2 1	
71	Cp	2	4 4	6 6 6	8 8 8 8	4 4	2 1	
72	Hf	2	4 4	6 6 6	8 8 8 8	4 4	2 2	
79	Au	2	4 4	6 6 6	8 8 8 8	6 6 6	1	
80	Hg	2	4 4	6 6 6	8 8 8 8	6 6 6	2	
81	Te	2	4 4	6 6 6	8 8 8 8	6 6 6 1	2	
86	Em	2	4 4	6 6 6	8 8 8 8	6 6 6	4 4	
88	Ra	2	4 4	6 6 6	8 8 8 8	6 6 6	4 4	2
89	Ac	2	4 4	6 6 6	8 8 8 8	6 6 6	4 4 1	2
90	Th	2	4 4	6 6 6	8 8 8 8	6 6 6	4 4 2	2

notwendige Energiequant. Die Differenz zwischen Quantensumme und Index ist für die Exzentrizität der Ellipsenbahnen maßgebend. Eine 3_3-Bahn ist daher eine Kreisbahn, eine 3_1- und 3_2-Bahn stellt verschieden langgestreckte Ellipsen vor. Jede Periode schließt mit einem Edelgas ab. Es wurde auch die seltsame Entdeckung gemacht, daß die Längen der sieben Perioden (2, 8, 8, 18, 18, 32) eine unmittelbare Folge der Quantengesetze sind, welche beim Einfangen der Elektronen gelten.

Bohr hatte vorausgesagt, daß das dem Element 71, Lutetium (Cassiopejum), folgende, damals noch unentdeckte Element der Atomnummer 72 die Reihe der dreiwertigen seltenen Elemente beendet, vierwertig und mit Zirkon homolog sein müsse. Denn mit Lutetium seien alle vierquantigen Bahnen besetzt, das neu hinzutretende Elektron könne nur in eine äußerste hochquantigere Bahn, also als Valenzelektron eintreten. In der Tat wurde das Element 72 in Zirkonmineralien mittels Röntgenspektroskopie entdeckt und mit Hafnium benannt. Bohr ist es demnach gelungen, durch Erkenntnis der dem periodischen System zugrundeliegenden Gesetze die Zusammenhänge der Elemente, das periodische System, aufzuklären.

Literaturverzeichnis

Alberti und Politzer: Über den Einfluß der Röntgenstrahlung auf die Zellteilung. Arch. f. mikroskop. Anat. u. Entwicklungsmechanik. 1923.

Bohr: Über den Bau der Atome. Naturwissenschaften 1923.

Brill und Zehner: Über die Wirkungen von Injektionen löslicher Radiumsalze auf das Blutbild. Berliner klin. Wochenschr. 1912.

Dessauer: Dosierung und Wesen der Röntgenstrahlenwirkung in der Tiefentherapie. Dresden: Steinkopf 1924.

Falta: Die Behandlung innerer Krankheiten mit radioaktiven Substanzen. Berlin: Julius Springer. 1918.

Fernau: Über die Wirkung der durchdringenden Radiumstrahlung auf Serum und Eialbumin. Biochem. Zeitschr. 1926.

— und Pauli: Über die Einwirkung der durchdringenden Radiumstrahlung auf anorganische und Biokolloide. Biochem. Zeitschr. 1915; Kolloid-Zeitschr. 1917, 1922 u. 1924.

— Einzelne Fälle analoger Wirkung von Strahlung und Ozon. Kolloid-Zeitschr. 1923.

— Die Herstellung von Radiumträgern. Strahlentherapie. 1916.

— Der Mechanismus der Strahlenwirkung im Gewebe. Strahlentherapie. 1925.

— Die Absorption der β- und γ-Strahlung in der Haut. Strahlentherapie. 1919.

Gerredsen: Über die Ursache des Leuchtens der Leuchtbakterien. Naturwissenschaften. 1921.

Glocker: Über den Strahlenschutz und die Toleranzdosis. Strahlentherapie. 1925.

Harvey: Neue Versuche über Bioluminiszenz. Naturwissenschaften. 1924.

HERTWIG: Neuere Untersuchungen über die Wirkung der Radiumstrahlung auf die Entwicklung tierischer Eier. Ber. d. bayr. Akad. d. Wissensch. 1909.

HESS: The Graphical Method to find out the Proper Relative Dosages. U. S. Radium Corporation. New-York 1921.

KEHRER: Die wissenschaftlichen Grundlagen und Richtlinien der Radiumbehandlung des Uteruskarzinoms. Arch. f. Gynäkol., Bd. 108.

KOSSEL: Über die physikalische Natur der Valenzkräfte. Naturwissenschaften. 1910, 1919.

LAHM: Radiumtiefentherapie. Stuttgart: Steinkopf. 1921.

LANDE: Warum hat das System der chemischen Elemente die Periodenzahlen 2 8 8 18 18 32? Naturwissenschaften. 1924.

LEVY: Über Veränderungen der weißen Blutkörperchen nach Zufuhr therapeutischer Dosen von Radiumemanation, Radium in Biologie. 1913.

LÜSCHER: Über die Technik der Radiumpunktur. Zeitschr. f. Hals-, Nasen- u. Ohrenheilk. Bd. 9. 1924.

MEITNER LISE: Über die Energieentwicklung bei radioaktiven Zerfallsprozessen. Naturwissenschaften. 1924.

MEYER ST. und PRZIBRAM: Über die Verfärbung von Salzen durch Becquerelstrahlen. Sitzungsber. d. Akad. d. Wiss., Wien 1914.

MEYER ST. u. SCHWEIDLER: Radioaktivität. Leipzig: J. Teubner. 1916.

RIEHL und KUMER: Radium- und Mesothoriumtherapie der Hautkrankheiten. Berlin: Julius Springer. 1924.

SCHRÖDINGER: Bohrs neue Strahlenhypothese. Naturwissenschaften. 1924.

SIEVERT: Die Intensitätsverteilung der primären γ-Strahlung in der Nähe medizinischer Radiumpräparate. Acta Radiologica, Stockholm 1921.

SMEKAL: Zur quantentheoretischen Deutung des radioaktiven Zerfalles. Sitzungsber. d. Akad. d. Wissensch., Wien 1922.

STRASSBURGER: Verbesserte Ausnützung der Radiumemanation durch Bindung an Fett. Dtsch. med. Wochenschr. 1923.

WENTZEL: Die Theorien des Compton-Effektes. Physikal. Ztschr. 1925.

ZACHER und KAUTSKY: Über Lumineszenz bei chemischen Reaktionen. Naturwissenschaften. 1923.

ZWAARDEMAKER: Die biologische Bedeutung des Kaliums im Organismus. Pflügers Arch. f. d. ges. Physiol. 1918.

— Die Mikroradioaktivität tierischer Organe und ihre physiologische Bedeutung. Strahlentherapie. 1925.